能源转型与技术创新丛书

海底电缆

设计、制造与试验

宁波东方电缆股份有限公司 组编

夏 峰 俞国军 主编

中国电力出版社
CHINA ELECTRIC POWER PRESS

内 容 提 要

本书基于海底电缆的发展历程和现状分析，结合国内外典型海底电缆工程的设计与制造，对海底电缆选型设计、海底电缆附件选型设计、海底电缆制造设备及工艺、海底电缆附件制造设备及工艺、海底电缆试验等关键流程环节进行了系统地阐述和讲解，图文结合，具备理论性、实用性和前瞻性。

全书共分为 6 章。包括概述、海底电缆选型设计、海底电缆附件选型设计、海底电缆制造设备及工艺、海底电缆附件制造设备及工艺和海底电缆试验。

本书可作为海底电缆工程各技术领域的工具书和教材，也可供从事海底电缆工程专业的科研教学人员参考。

图书在版编目（CIP）数据

海底电缆设计、制造与试验 / 宁波东方电缆股份有限公司组编；夏峰, 俞国军主编. -- 北京 ：中国电力出版社, 2025. 3. -- (能源转型与技术创新丛书).
ISBN 978-7-5198-9508-2

Ⅰ. TM248

中国国家版本馆 CIP 数据核字第 2024VB3976 号

出版发行：中国电力出版社
地　　址：北京市东城区北京站西街 19 号（邮政编码 100005）
网　　址：http://www.cepp.sgcc.com.cn
责任编辑：罗　艳（010-63412315）　高　芬
责任校对：黄　蓓　常燕昆
装帧设计：张俊霞
责任印制：石　雷

印　　刷：三河市航远印刷有限公司
版　　次：2025 年 3 月第一版
印　　次：2025 年 3 月北京第一次印刷
开　　本：710 毫米×1000 毫米　16 开本
印　　张：15.25
字　　数：257 千字
印　　数：0001—1300 册
定　　价：99.00 元

本书编写组

主　　编	夏　峰	俞国军			
副 主 编	叶信红	赵远涛	陈　磊	许新鑫	
编写人员	郑　琳	王玉芬	王方舒	杨建军	邓雪娇	陈盖杰
	韩　哲	蒋天杰	王昱立	章　巍	李　炜	庄清寒
	惠宝军	冯　宾	罗朝发	李向南	李晓彤	张　振
	张振鹏	徐晓峰	贾　超	刘　学	于是乎	刘延卓
	彭　勇	段伟喜	谢仕林	李绍斌	唐文博	贡新浩
	刘丽微	吴　科				

序 Preface

在国家和地区的低碳转型发展战略中，能源是主战场，电力是主力军。为实现"双碳"目标，需要深度理解能源电力低碳转型的重要地位，以及其在能源电力转型过程中技术创新所扮演的重要角色。电气行业的技术创新，无论是围绕清洁低碳高效火电及先进的可再生能源发电，还是围绕核电、电力系统及数字化，都需要做一些持续的努力和提升。

2024年中央经济工作会议强调，要"建设现代化产业体系，更好统筹发展和安全""协同推进降碳减污扩绿增长，加紧经济社会发展全面绿色转型"，体现了国家低碳转型发展的决心和思路。国家电网有限公司深入贯彻落实中央经济工作会议精神，统筹发展和安全，坚持统一调度、协同联动、创新赋能，健全电网稳定管理体系，完善电力安全治理措施。围绕高水平安全保障新型电力系统高质量发展，支撑建设新型能源体系和实现"双碳"目标，国家电网有限公司大力加强科技创新研发部署和成果推广应用，体现了大国央企的重要作用与担当。

近年来，各省市（地）电网公司始终响应国家号召，践行国家电网有限公司发展新理念，紧跟电力发展趋势，在能源转型与技术创新领域，积淀了一系列有价值、可推广的成果，为总结这些先进经验，多家电企单位从自身高端技术领域出发，围绕新能源、海底电缆、无人机、智能电网等多个专业，编写"能源转型与技术创新丛书"（简称"丛书"），丛书各专业分册以技术创新为主线，或集中攻坚个别领域，或深度探讨管理变革，或多角度分析电力行业产业融合，旨在能源变革新形势下将电力行业研发、生产、管理、服务全流程贯穿一体，推动资源从局部优化向全局优化升级。

以科技创新推动能源转型是贯彻新发展理念的内在要求，也是以能源高质量发展支撑实现中国式现代化的战略选择。在全球经济增速放缓、地缘政治冲突加剧的外部环境影响下，电力行业作为国家支柱之一，必须打好新型能源体系关键核心技术攻坚战，以科技创新推动能源转型，保障国家能源安全，应对全球气候变化，共建清洁美丽世界。

从书的编写与出版是一项系统工作，汇聚了全行业专家的经验和智慧，各分册编写组遵循应用牵引、价值驱动、生态优化的原则，加强技术突破，创新思路举措，凝练了一系列经验，力图促进电力行业高质量发展。希望通过我们对各方面前沿研究和最新实践的持续总结和分享，能够对推动中国完成"碳中和"的总要求起到更加卓有成效的推动促进作用。

国网能源研究院　原副院长

前　言 Foreword

在"双碳"目标指引下，风电等新能源得到迅猛发展。《"十四五"可再生能源发展规划》提出，要积极推动近海海上风电规模化发展，开展远海海上风电平价示范。海底电缆是海上风电项目建设的重要组成部分，作为海上风电的"血管"，承担向陆上电网传输电力的功能。而风电场复杂的海况环境，对海底电缆的设计、制造与试验工作提出了极高要求。

宁波东方电缆股份有限公司积极响应国家海洋经济与新能源战略，一直致力于攻克海底电缆的关键技术，积累了丰富的实践成果和经验。鉴于当前行业内缺乏针对海底电缆设计、制造与试验的系统性、全面性、权威性研究，宁波东方电缆股份有限公司组织海底电缆领域的专家，汇集全行业的智慧，结合国内外实践编写了本书。书中以海底电缆的发展历程和现状引出海底电缆本体及附件的选型设计、制造装备及工艺、海底电缆试验等关键内容，为海底电缆从业者提供了可参考的理论知识、技术体系和实践经验。

本书内容全面，逻辑清晰，对海底电缆的设计、制造与试验技术进行了专业性、系统性的解析和阐述。全书共 6 章。第 1 章概述海底电缆的重要性和发展历程，进而阐述国内外典型海底电缆工程的设计与制造现状；第 2 章结合海底电缆设计原则，详细阐述了导体、绝缘、半导电屏蔽、金属套、非金属内护套、铠装与外被层、光单元等海底电缆核心部分的选型与设计要点；第 3 章以交联聚乙烯绝缘海底电缆为典型，梳理了工厂接头、修理接头、过渡接头、终端的结构设计、材料选型、电气设计、安装与试验验证等关键技术，并对常用附属设备进行了简要介绍；第 4 章和第 5 章分别总结了海底电缆和海底电缆附件的制造设备及工艺；第 6 章从原材料试验、半成品试验、成品试验、系统试验、敷设安装后试验五个部分阐述了海底电缆试验的关键技术和要点。

我国海洋资源丰富，但研究开发起步较晚，海底电缆作为海洋与陆地或海上作业平台之间能源、信息传递的大通道在未来仍具有较大的发展空间。海底电缆设计、制造与试验理论的研究在不断发展，相关技术体系的搭建也在不断完善中。

限于时间和水平，书中难免存在不足之处，敬请广大读者批评指正。

编　者

2025 年 3 月

目　录 Contents

1

概　述

　　海底电缆是敷设在海底及河流水下的电缆线路，主要用于电力能源的传输，同时兼具通信、监测等信号传输的功能。按传输电能的类型，海底电缆可分为交流海底电缆和直流海底电缆；按海底电缆结构中包含绝缘线芯的根数，海底电缆可分为单芯海底电缆和多芯海底电缆。随着高分子材料的发展，近年来大量的高压交直流交联聚乙烯绝缘海底电缆工程的投运，使得交联聚乙烯绝缘逐渐成为主要形式。但充油海底电缆凭借其自身的技术特点，在国内外仍有一定的应用及需求，特别是对于特高压海底电缆。

　　海底电缆技术被世界各国公认为是一项困难复杂的大型技术工程，无论是海底电缆系统的设计制造还是运维施工，其要求均远远高于其他电缆产品。海底电缆的生产制造具有技术难度大、制造工序繁杂、设备维护成本高的特点，目前只有少数企业有能力进行海底高压电缆的制造和敷设。海底电缆工程更是受海洋复杂环境、海底电缆敷设施工装备等条件的限制，具有工程投资规模大、施工周期长、施工难度大等特点。

　　海底电缆输电工程应用领域主要有区域电网跨海域互联、向海洋孤岛及石油钻探平台供电、输送海上再生能源的发电并网。近年来，随着国内外输变电技术的发展，在经济一体化、能源优化配置、减少环境影响等因素的推动下，跨海域输电技术、海底电缆制造技术、海底电缆工程技术不断提升，海底电缆工程建设也进一步得到发展。

≫ 1.1　海底电缆技术的发展历程 ≪

从世界范围来看，海底电缆研发、生产、敷设已有近 170 年历史，至今世界上已经敷设了相当数量的海底电缆。1890 年，英国敷设了世界上第一条天然橡胶绝缘海底电缆，这项工程的建设成为跨越海洋输送电力的开端。1954 年，世界上第一根直流电缆成功在瑞典本土与哥特兰岛（Gotland）之间敷设，其长度为 100km，电压等级为 ±100kV。随着世界各国高压电力领域海底电缆制造技术的发展，1973 年瑞典本土与哥特兰岛（Gotland）又成功敷设了 145kV 交联聚乙烯电缆。2002 年 7 月，美国纽约长岛—新英格兰海底电缆工程采用了海底电缆柔性直流输电技术，直流电压 ±150kV。2008 年投入运行的挪威—荷兰海底电缆输电工程，创造了当时世界上跨海输电距离最长的纪录，跨越海域的海底电缆长度为 580km。2015 年投运的挪威—德国斯比特尔海底电缆输电工程、挪威—德国下萨克森海底电缆输电工程，其跨越海域海底电缆长度超过 600km。2014 年 12 月，挪威丹麦的海底电缆输电工程采用 500kV 超高压轻型直流（HVDC Light）输电，这项工程创造了海底电缆输电工程直流电压等级的新纪录。

从国内角度来看，中国拥有 300 多万 km^2 海域及约 18000km 的海岸线，发展海洋经济、开发海上能源及建设海上风电工程，促进了我国对海底电缆工程特别是长距离、高电压等级的海底电缆工程的建设。1986 年投运的珠江—虎门海底电缆工程是我国最早的交流高压海底电缆工程，电压等级达到 220kV，长度 2.7km，输送容量 380MW。2009 年中国海南 500kV 联网工程建成并投运，该工程采用充油电缆，是当时世界最高电压等级的交流海底电缆工程，实现了 600MW 的电能传输。2018 年投运的舟山 500kV 联网输变电工程首次使用了国际首创、国内自主研发的 500kV 交联聚乙烯（XLPE）绝缘海底电缆。2022 年投运的粤电阳江青洲一、二海上风电场项目首次使用了国际首创、国内自主研发的三芯 500kV XLPE 绝缘海底电缆，该工程再次刷新了国内外三芯高压海底电缆的应用纪录。

直流电缆工程在中国也得到快速发展，2013 年竣工的南澳 ±160kV 三端柔性直流工程、2014 年竣工的舟山 ±200kV 五端柔性直流工程，2015 年竣工的厦门 ±320kV 两端柔性直流工程均采用 XLPE 绝缘电缆。2021 年三峡集团建设的如东海上风电 ±400kV 交联聚乙烯绝缘直流海底电缆工程，成为目前电压等级最高的直流海底电缆工程之一。

1.2 海底电缆生产制造技术指标

海底电缆生产制造的发展往往与海底电缆工程的建设同步，不同的海底电缆工程建设的需求对海底电缆技术的进步起到了极大的促进作用。本节对国内外海底电缆工程中具有代表性的交直流海底电缆工程的技术指标进行了统计，各国海底电缆工程的指标汇总见表 1-1。从表 1-1 可以看出，世界各国的海底电缆建设工程在工程数量、电压等级、线路长度等方面都取得了快速发展。

表 1-1　　　　　　　各国海底电缆工程的指标汇总

序号	海底电缆工程名称	电缆类型	电压等级（kV）	电缆长度（km）	投运时间（年）
1	英国—法国 1 英国—法国 2	充油电缆 充油电缆	±100 ±270	64 68	1961 1984
2	瑞典—丹麦	充油电缆	±250	85	1965
3	加拿大	充油电缆	±260	33	1968
4	瑞典—芬兰	充油电缆	400	200	1989
5	挪威—丹麦	充油电缆	±350	130	1993
6	德国—瑞典	充油电缆	450	250	1994
7	瑞典	挤出绝缘电缆	400	28	1998
8	日本	充油电缆	±250	50	2000
9	美国	挤出绝缘电缆	±150	40	2002
10	爱沙尼亚—芬兰	挤出绝缘电缆	±150	74	2006
11	菲律宾	充油电缆	138	18	2006
12	荷兰—挪威	充油电缆	±450	580	2008
13	中国	充油电缆	500	7×32	2009
14	韩国	挤出绝缘电缆	±250	120	2012
15	中国	挤出绝缘电缆	±160	32	2013
16	中国	挤出绝缘电缆	±200	2×134	2014
17	德国	挤出绝缘电缆	±300	75	2015
18	英国	充油电缆	±600	422	2017
19	中国	挤出绝缘电缆	500	6×17	2020
20	中国	挤出绝缘电缆	±400	2×108	2021
21	中国	挤出绝缘电缆	500	三芯，2×55	2023

≫ 1.3　国内外典型海底电缆工程的设计与制造 ≪

1.3.1　国外典型海底电缆工程

1. 北欧地区

北欧电网发电量构成不均衡,如 2015 年挪威的总装机容量中水电占 95.73%,丹麦则是以火电为主。为此,各国电网通过海底电缆工程联网是实现能源优化配置、降低发电成本、减少备用容量的重要途径。北欧地区海底电缆跨越的海域有波罗的海、斯卡克拉克海峡、卡特加特海峡、波的尼亚湾和北海。北欧地区内的海底电缆工程主要采用直流电压±400～±500kV 海底电缆联网,海底电缆线路总长度约 2140km。自 20 世纪 90 年代以来,北欧电网各国家电网互联的海底电缆工程项目主要有挪威至丹麦、丹麦至瑞典、丹麦至德国、芬兰至瑞典 1.2 期,瑞典至波兰、挪威至荷兰等。2008 年 9 月,费达(挪威)至伊姆斯劳(荷兰),直流±450kV 海底电缆工程海底电缆跨越北海长度 580km,海底电缆路由最大水深 410m。

2. 欧洲大陆地区

欧洲大陆电网及欧洲输电联盟(VCTE)包括 24 个国家和地区的 29 个电网运营商,供电人口约 5 亿。各成员国交换电量约 3041 亿 kW·h。欧洲大陆电网的海底电缆输电工程,主要由 VCTE 成员国之间跨海联网,并跨越北海与北欧电网互联。区域内主要海底电缆工程项目包括英国至法国、英国至荷兰、爱尔兰至英国、挪威至德国,主要采用直流电压±380～±525kV 联网。2020 年的挪威至德国的海底电缆工程,采用高压直流输电技术(HVDC)联网,输送容量 1400MW,电压等级±525kV,总长度超过 700km。法国与爱尔兰海底电缆项目从爱尔兰南部海岸延伸至法国布列塔尼,设计输送容量 700MW,预计于 2026 年投产。

3. 北美地区

北美联合电网各区域,跨海域联网工程均为国家本土区域电网的互联。美国本土纽黑文至长岛、美国本土塞尔维尔至莱维顿(美国海王星工程)、美国本土圣佛朗西斯克至匹兹堡以及加拿大温哥华维多利亚岛至美国安吉利斯、加拿大蒙特利尔至美国纽约,均采用电压±230～±550kV 联网。北美联合电网海底电缆输电工程共有 14 个项目，分别跨越佐治亚海峡、马拉斯皮纳海峡、长岛海峡、大西洋、胡安德富卡海峡、张伯伦湖与哈德逊河。设计输送容量 5762MW，海底电缆长度 1718km。

1.3.2　国内典型海底电缆工程

1. 舟山 500kV 联网工程

国家电网公司于 2017 年开工建设浙江舟山 500kV 联网输变电工程两回 500kV 交联聚乙烯（XLPE）绝缘海底电缆线路，是世界上首个交联聚乙烯绝缘的 500kV 海底电缆工程，首次采用了 18.15km 全长绝缘挤出生产和 500kV 海底电缆工厂接头技术，舟山 500kV 联网输变电工程 XLPE 绝缘海底电缆断面如图 1−1 所示。500kV 海底电缆在宁波镇海与舟山大鹏岛之间敷设，海底电缆路由长度 17km，路由通道宽约 300m，最大敷设深度约 50m。Ⅰ回（世界首回）500kV 交联海底电缆于 2019 年 1 月投运；Ⅱ回于 2019 年 6 月投运，舟山 500kV 海底电缆敷设登陆如图 1−2 所示。Ⅰ回和Ⅱ回 500kV 海底电缆线路的三相分别采用国内三个海底电缆生产厂商的产品，分别为江苏中天科技股份有限公司（简称"江苏中天"）、宁波东方电缆股份有限公司（简称"东方电缆"）、江苏亨通高压海缆有限公司（简称"亨通高压"）。其中，江苏中天和亨通高压为 18.15km 一次挤出无工厂接头，宁波东方带 1 个工厂接头，户外终端均为昭和电工提供。

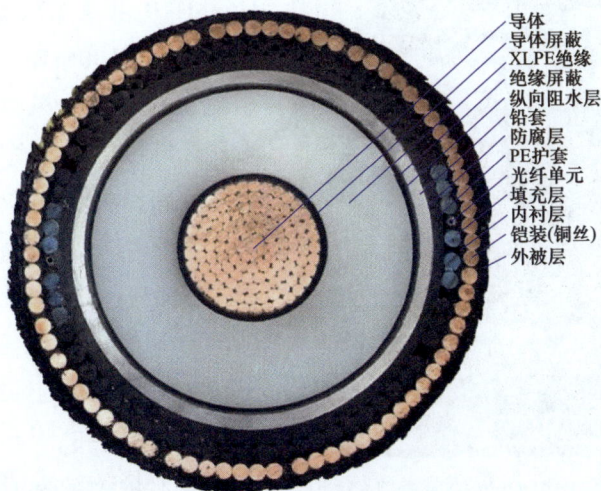

导体
导体屏蔽
XLPE绝缘
绝缘屏蔽
纵向阻水层
铅套
防腐层
PE护套
光纤单元
填充层
内衬层
铠装（铜丝）
外被层

图 1−1　舟山 500kV 联网输变电工程 XLPE 绝缘海底电缆断面

图 1-2 舟山 500kV 海底电缆敷设登陆

图 1-3 如东±400kV 交联聚乙烯绝缘直流海底电缆结构

2. 三峡如东±400kV 海上风电工程

2021 年底建成并投入运行的三峡如东海上风电柔性直流输电示范工程位于江苏省如东县黄沙洋海域，是首个采用柔性直流输电技术的海上风电项目，其负责将如东 H6、H10 以及如东 H8 三个海上风电场共计 1100MW 的电能输出。该示范工程为海上风电±400kV 交联聚乙烯绝缘直流海底电缆工程，海底电缆线路路径长度 99km（含工厂接头），其采用世界最高系统过电压水平 1235kV，这也是世界电压等级最高的直流海底电缆工程之一。如东±400kV 交联聚乙烯绝缘直流海底电缆结构如图 1-3 所示，如东±400kV 交联聚乙烯绝缘直流海底电缆参数见表 1-2。

表 1-2　　　　　如东 ±400kV 交联聚乙烯绝缘直流海底电缆参数

项目		单位	数值
额定电压		kV	±400
最大允许敷设张力		kN	149
施工最小弯曲半径		mm	3200
导体长期工作温度		℃	70
导体短路温度		℃	160
20℃导体直流电阻		Ω/km	≤0.0113
电容		μF/km	0.186
载流量海底直埋（25℃）		A	1740
操作过电压	同极性	kV	1235
	异极性	kV	480
短路电流	导体（2s）	kA	131.8
	金属护套（2s）	kA	30.9

3. 阳江青洲海上风电工程

2022 年在广东阳江开工建设青洲一、二海上风电工程，工程采用三芯 500kV XLPE 绝缘海底电缆，线路路径长度 50km，这是世界上首个采用三芯结构的 500kV 海底电缆工程。

阳江青洲一、二海上风电场，传输容量达 1000MW，输送路由约 60km，采用三芯交流 500kV XLPE 海底电缆，采用两回路共计 120km 的交流 500kV 海底电缆，导体截面积为 $3×800mm^2$，三芯海底电缆成缆后外径达 306mm，单位质量达 156kg/m。阳江青洲海上风电工程三芯 500kV XLPE 绝缘海底电缆断面如图 1-4 所示。

该海底电缆在生产制造过程中实现了交联聚乙烯连续挤出 160t，单根 500kV 海底电缆无接头连续挤出长度达 20km。500kV 三芯海底电缆单回路长度达 60km，总质量达 9000t，在敷设施工过程中对海底电缆敷设的弯曲半径、侧压力、牵引力和海底电缆应力退扭控制要求更高。三芯 500kV 海底电缆敷设船如图 1-5 所示。

HYJQF41-F 290/500kV 3×1800+3×36
交流500kV三芯交联聚乙烯绝缘光纤复合海底电缆

图 1−4　阳江青洲海上风电工程三芯 500kV XLPE 绝缘海底电缆断面

图 1−5　三芯 500kV 海底电缆敷设船

≫ 1.4　海底电缆制造与试验技术现状分析 ≪

对于高电压等级，如 220kV 和 500kV，单根长度较长（如几十千米）的海底电缆制造，受原材料、制造技术以及敷设施工工程经验等因素影响，我国高电压、超长距离海底电缆的制造能力和我国走向海洋的经济战略发展需求尚存在一定差距。国内电缆制造企业对超高电压、长距离海底电缆生产能力虽有所突破，但关键核心的高端制造设备等仍然依赖进口。

在电缆绝缘材料方面，目前国内的电缆制造商生产的高压、超高压 XLPE 绝缘海底电缆的电缆料（包括导体屏蔽、绝缘屏蔽、绝缘料）几乎均来自北欧化工和陶氏化学两家公司。国内已有公司已开展电缆料的开发和应用，但目前国产电缆料的最高应用电压等级仅能应用在 220kV 及以下的电缆线路中。

意大利普睿司曼、日本滕仓电缆、日本古河株式会社、日本住友电工、法国耐克森、韩国 LS、美国通用电缆等，都具有连续生产超高压、大截面直流海底电缆的能力，并拥有海底电缆软接头技术，同时可提供安装敷设一体化的成套解决工程方案。我国的海底电缆目前处于赶超国际先进水平阶段，东方电缆、亨通高压、中天科技、青岛汉缆等国内公司具有超高压海底电缆生产能力，拥有较好的海底电缆制造设备及试验检测设备，且部分企业也已逐渐配备了海底电缆敷设船等，但在提供海底电缆的设计、安装、敷设一体化的成套解决方案尚缺少系统性建设。

目前国内海底电缆制造能力已与国际水平相当，生产制造能力已超过欧洲、日本、美国的海底电缆产业。海底电缆关键制造装备［立式全干式化学交联（VCV）生产线、立式成缆设备、铅套和铠装设备、储缆转盘等］指标水平达到甚至超过海外制造商。目前国内的海底电缆绝缘挤出用 VCV 生产线数量在"十三五"末达到 20 条以上；至"十四五"末，国内的 VCV 生产线将超过 40 条，相应新增生产线主要分布在山东、江苏、福建、广东等地。新增生产能力均以高电压、大长度为目标，电压等级达到 500kV，相应连续制造长度达到 30km 以上。与制造长度对应，海底电缆厂商还配套建设大长度海底电缆的试验检测能力，主要包括高压电气试验、海底电缆成品机械性能试验等试验装备。

2

海底电缆选型设计

海底电缆按绝缘种类可分为油浸纸绝缘电缆、自容式充油纸绝缘电缆、挤包（交联聚乙烯绝缘与三元乙丙橡胶绝缘）绝缘电缆、充气式绝缘电缆。油浸纸绝缘电缆主要应用于直流海底输电，自容式充油纸绝缘电缆主要应用于中短距离交、直流海底输电工程，交联聚乙烯绝缘电缆可应用于交流、直流长、中、短距离海底输电工程。近年来，交联聚乙烯绝缘应用电压等级逐步上升至交流500kV 和直流±525kV，应用范围日益广泛。

≫ 2.1 海底电缆设计原则 ≪

2.1.1 海底电缆种类

海底电缆是一种能长期在海洋环境中进行电力、信息传输的电缆。根据使用状况不同，海底电缆又可分为静态海底电缆和动态海底电缆，静态海底电缆用于海上固定装置（如固定平台、固定式风机等）、岛屿、陆地间互相连接，是电缆布置于海床上或深埋于海床下的海底电缆；动态海底电缆与静态海底电缆的不同在于其可以使用在浮式平台、浮式风机及其他能随海浪与洋流运动的动态装置连接。由于动态海底电缆选型设计需要考虑浮式装置的结构形式、运动方式、海域的风浪流等因素，设计极其复杂，目前应用尚不广泛，本书主要就静态海底电缆进行详述。

静态海底电缆（以下简称"海底电缆"）的分类有多种形式，根据输电电网系统电压形式可以分为交流海底电缆和直流海底电缆，根据使用电压不同可分为中压海底电缆、高压海底电缆、超高压海底电缆，根据电缆芯数不同可分为多芯海底电缆、三芯海底电缆和单芯海底电缆，复合传输用光缆有光电复合海底电缆（见图 2−1）等。其中最主要的分类为根据绝缘材料种类分为油纸绝缘海底电缆、挤包（交联聚乙烯绝缘与三元乙丙橡胶绝缘）绝缘海底电缆。

油纸绝缘海底电缆可以分为浸渍不滴流纸绝缘海底电缆和充油纸绝缘海底电缆，其中浸渍不滴流纸绝缘海底电缆主要应用于 ±600kV 直流及以下长距离直流海底输电，用于交流海底输电时存在过零点击穿的可能。

图 2−1 额定电压 220kV
三芯光电复合海底电缆

充油纸绝缘海底电缆主要应用于 500kV 及以下中长距离交、直流海底输电工程，绝缘性能可靠，具有大量的应用经验，其缺点是需要建设供油系统，并保持电缆内部的油压，限制了单根电缆长度。挤包绝缘海底电缆主要材料有交联聚乙烯绝缘和三元乙丙橡胶绝缘，交联聚乙烯绝缘电缆主要应用于 220kV 及以下交流、±320kV 直流及以下海底输电工程，近年来，其应用电压等级逐步上升至 500kV，500kV 交联聚乙烯海底电缆、直流交联聚乙烯绝缘海底电缆如图 2−2、图 2−3

图 2−2 500kV 交联聚乙烯海底电缆

图 2−3 直流交联聚乙烯绝缘海底电缆

所示。油纸绝缘海底电缆由于制造工艺复杂，系统受限等因素，目前新建项目使用极少；三元乙丙橡胶绝缘海底电缆因绝缘水平问题没有应用到高压海底电缆中，本章主要就交联聚乙烯绝缘海底电缆的选型、结构设计等方面详细阐述。

2.1.2　电气设计

海底电缆热性设计的目的是确定导体的尺寸，使其传输要求的容量不超过电缆或环境的设计温度限值，具体设计包括以下要求。

1. 导体损耗

导体电流周围的交变磁场产生了趋肤效应，使得电流密度在导体中心变低，在导体外围区域变高，有效导体面积减小，从而使有效导体电阻增加。趋肤效应随着导体截面积的增大变得显著，趋肤效应还与导体材料的电阻率、导体设计和系统频率有关。这些因素的影响归结为趋肤效应因数 y_s，由于趋肤效应增加了导体损耗，因此电缆载流量降低。

此外，还有另一种磁场效应——邻近效应，其由三相系统的导体靠近产生。受邻近导体的影响，电流向尽量远离邻近导体的方向偏移，导体内的电流密度变得不均匀，使靠近邻近导体的部分载流效能下降。邻近效应对间距小的大电流导体（如三相交流电缆）尤为明显。由趋肤效应和邻近效应产生的导体交流电阻可表示为

$$R = R_0[1+\alpha(t-20)(1+y_s+y_p)] \tag{2-1}$$

式中　R_0——20℃下导电线芯的单位长度直流电阻，Ω/m；

α——20℃下导体温度系数常数，铜导体为 0.00393，铝导体为 0.00403；

y_s——趋肤效应因数；

y_p——邻近效应因数。

在 20℃下，单位长度导体的导体截面积与直流电阻 R_0 的关系可表示为

$$A = \rho_{20}K_1K_2K_3K_4K_5 / R_0 \tag{2-2}$$

式中　A——导体线芯截面积，如线芯由 n 根相同直径 d 的导线绞合而成，则 $A = n\pi d^2/4$；

ρ_{20}——线芯材料在 20℃时的电阻率，退火铜线 $\rho_{20}=0.017241\times10^{-6}\Omega\cdot m$，硬铝导体 $\rho_{20}=0.02864\times10^{-6}\Omega\cdot m$；

K_1——单根导线加工过程中金属电阻率增加系数，它与导线直径大小、

金属种类、表面是否有涂层有关，线径越小，系数越大，一般可取 1.02～1.03；

K_2——多根导线绞合紧压导致单线长度增加的系数，一般取 1.03～1.05；

K_3——紧压过程使导线发硬引起的电阻率增加系数，一般取 1.01；

K_4——成缆绞合导致线芯长度增加系数，一般三芯取 1.01，单芯取 1.0；

K_5——因考虑导线允许公差所引入的系数，一般取 1.01。

2. 介质损耗

电缆绝缘由绝缘材料构成，在电路图中可以等效地表示为导体和接地屏蔽之间并联的电容和电阻。在导体上施加电压会产生容性和阻性电流。阻性电流与电压同相，而容性电流则与电压成 90°。阻性电流是一种损耗电流，在绝缘内产生热量。阻性和容性电流的比率称为介质损耗因数（损耗角正切）$\tan\delta$，其可表示为

$$\tan\delta = \frac{|I_r|}{|I_c|} = \frac{1}{R_i C \omega} \tag{2-3}$$

式中　R_i——每米的电缆绝缘电阻，$\Omega \cdot m$；

　　　C——每米电缆的电容，F/m；

　　　ω——交流电压的角频，$\omega = 2\pi f$。

电缆的电容 C 可以表示为

$$C = \frac{\varepsilon_0 \varepsilon_r}{18\ln\left(\dfrac{D_i}{d_c}\right)} \tag{2-4}$$

式中　D_i——绝缘直径；

　　　d_c——导体屏蔽的直径；

　　　ε_r——绝缘材料的相对介电常数。

这样，绝缘的介质损耗 W_d 可以表示为

$$W_d = \omega C U_0^2 \tan\delta \tag{2-5}$$

介质损耗的大小与电缆电压成正比，只有在较高的电压等级才予考虑。根据 IEC 60287《电缆载流量计算》，对 127kV（相电压）以下的交联聚乙烯电缆，可以忽略介质损耗。对于主要用于高压和超高压的充油海底电缆，不能忽略介质损耗，因为其介电常数 ε 和介质损耗因数 $\tan\delta$ 比较高。介质损耗与单芯或三芯电缆导体的布置形式没有关系，与导体的设计形式也无关系。

3. 交流电缆载流量

三芯交流电缆不是同轴结构，这使得导体和电缆表层间的热阻计算变得比较复杂。虽然缆芯〔导体、绝缘层、屏蔽层和（或）护套〕是同轴结构，可以看作单芯电缆，但是缆芯和铠装之间的热阻无法通过 IEC 60287《电缆载流量计算》给出的方法正确计算。缆芯间隙中的填充材料对向周围环境的热传导有重要影响。聚合物圆形填充绳、挤出中空塑料条，甚至金属绞合线都可以作为填充物，但它们之间的热学性能有很大差别，如挤出中空塑料条在生产过程中内部填充的是空气，但在安装后可能会充满水。在这些情况下，电缆内部和外部的热流和温度场可以很容易地通过有限元软件计算出来。大部分有限元软件的网格划分程序都具备足够高的动态自适应性，因此不仅可以计算出电缆内部微小局部的温度细节，也能计算出电缆周围大范围的环境温度。

现在计算交流电缆载流量的要素都已具备，载流量可以表示为

$$i = \left[\frac{\Delta\Theta - W_{\mathrm{d}}[0.5T_1 + n(T_2 + T_3 + T_4)]}{RT_1 + nR(1 + \lambda_1) + nR(1 + \lambda_1 + \lambda_2)(T_3 + T_4)} \right]^{0.5} \tag{2-6}$$

式中　n ——电缆导体的芯数（单芯或三芯）；

$\quad\quad R$ ——交流电阻；

$\quad\quad \Delta\Theta$ ——导体温度 Θc 和未受影响的周围土壤温度 Θamb 之间的最高允许温度差；

$\quad\quad T_1$ ——绝缘层的热阻；

$\quad\quad T_2$ ——金属屏蔽层和（或）护套与铠装间的热阻；

$\quad\quad T_3$ ——铠装外护套（外被层）的热阻；

$\quad\quad T_4$ ——外部环境影响下的海底电缆热阻；

$\quad\quad \lambda_1$ ——金属屏蔽环流损耗系数；

$\quad\quad \lambda_2$ ——金属屏蔽涡流损耗系数，对海底电缆通常取 0。

其中，T_1 可以表示为

$$T_1 = \frac{\rho_{\mathrm{T}}}{2\pi} \ln(D_{\mathrm{o}}/D_i) \tag{2-7}$$

式中　ρ_{T} ——材料的热阻系数；

$\quad\quad D_{\mathrm{o}}$ ——绝缘屏蔽层的外径；

$\quad\quad D_i$ ——导体的直径。

T_2 为金属屏蔽层和（或）护套与铠装间的热阻，包括铠装下的垫层，海底

电缆铅套外的挤包塑料护套也计入 T_2。其可表示为

$$T_2 = \frac{\rho_T}{2\pi} \ln(1 + 2t_2/D_s) \tag{2-8}$$

式中　　t_2——层厚；

　　　　D_s——金属屏蔽层和（或）护套的外径。

　　T_3 是铠装外护套（外被层）的热阻，表示为

$$T_3 = \frac{T}{2\pi} \ln(1 + 2t_3/D_a') \tag{2-9}$$

式中　　D_a'——铠装的外径；

　　　　t_3——外被层或外护套的厚度。

$$\lambda_1 = \lambda_1' + \lambda_1'' \tag{2-10}$$

$$\lambda_1' = \frac{R_s}{R} \cdot \frac{1}{1 + \left(\dfrac{R_s}{R}\right)^2} \tag{2-11}$$

式中　　R_s——金属屏蔽交流电阻；

　　　　λ_1'——金属屏蔽环流损耗系数；

　　　　λ_1''——金属屏蔽涡流损耗系数，对海底电缆通常取 0。

$$\lambda_2' = 1.23 \times \frac{R_a}{R} \cdot \frac{2c}{d_a} \cdot \frac{1}{1 + \left(\dfrac{2.77R_a}{\omega} \times 10^{-6}\right)^2} \tag{2-12}$$

式中　　R_a——铠装交流电阻；

　　　　c——导体轴心与电缆中心的间距；

　　　　d_a——铠装层外径；

　　　　ω——角频率。

　　在三芯电缆中，着重强调的是邻近效应，其相应地会对交流电阻造成影响。热阻 T_1 和 T_3 可通过式（2-4）和式（2-6）求得。单芯电缆热阻 T_2 可通过式（2-5）求得，而三芯电缆的热阻 T_2 与金属护套的设计有关。

　　T_4 是外部环境影响下的海底电缆热阻，当电缆所处的环境不同时，其计算方法也不同。例如载流量计算应包括海底段、近岸段、登陆段、陆地段、空气中（GIS 出线）、金属管道中（如 J 型管中）等情况。当电缆位于海床以下时，土壤热阻系数和埋深是影响 T_4 的最重要因素；当电缆位于空气中时，气温、风速与阳光照射强度都是影响 T_4 的因素；当电缆位于管道中时，管道中的填充材

料热阻系数、对流条件都是影响 T_4 的关键。

导体损耗和电缆周围的热环境是热性设计中最关键的因素。要在更高的电力传输功率下实现较高的载流量，交流电缆屏蔽层和（或）护套以及铠装的损耗控制是至关重要的。

4. 短路电流

电缆短路电流计算是电力系统设计和运行过程中非常重要的一项工作，能够评估短路故障能力。短路电流可以表示为

$$I = \varepsilon \times I_{AD} \tag{2-13}$$

式中　I ——允许短路电流；

　　　I_{AD} ——在绝热基础上计算的短路电流；

　　　ε ——考虑热量损失在邻近层的因素。

在任何温度下，绝热的温升计算公式如下

$$I_{AD}^2 t = K^2 S^2 \ln\left(\frac{\theta_f + \beta}{\theta_i + \beta}\right) \tag{2-14}$$

式中　I_{AD} ——在绝热基础上计算的短路电流，A；

　　　t ——短路持续时间，s；

　　　K ——取决于载流材料的常数，$As^{1/2}/mm^2$；

　　　S ——载流体几何截面积，mm^2；

　　　θ_f ——最终温度，℃；

　　　θ_i ——起始温度，℃；

　　　β ——0℃时载流体电阻温度系数倒数，K。

其中，K 的计算公式如下：

$$K = \sqrt{\frac{\sigma_c(\beta + 20) \times 10^{-12}}{\rho_{20}}} \tag{2-15}$$

式中　σ_c ——20℃时载流体比热容，$J/(K \cdot m^3)$；

　　　ρ_{20} ——20℃载流体电阻，$\Omega \cdot m$。

本节介绍了海底电缆电气设计基本知识和常用公式，海底电缆载流量计算是电气设计的基础，在工程设计中，应结合工程环境条件来优化计算条件。值得注意的是，当采用直流海底电缆时，上述计算公式会有变化，例如"导体交流电阻"中不再考虑趋肤效应系数和邻近效应系数，"载流量计算"公式中也不

再考虑金属护套及铠装的感应损耗，具体应结合实际工程条件进行计算。

2.1.3 机械结构设计

海底电缆的设计必须使其能够耐受制造、操作、运输、安装和运行过程中所有的机械应力，施加在海底电缆上的应力与陆缆的受力有很大的不同。不适当的机械设计使海底电缆容易遭受损伤，降低其可用性，产生高昂的修复成本。不良的机械设计会导致一些海底电缆系统在远未达到其电气寿命的时候就不得不报废，或者采用新的海底电缆系统替换。首要的挑战是如何将海底电缆安全地施放入水，海底电缆由敷设船入水示意图如图 2-4 所示。铠装提供了足够的抗张强度。海底电缆工程中要求的抗张强度主要是水深的函数，安装过程中的动态受力可能会带来更高的强度要求和运行过程中更严酷的条件，例如抗张强度的要求以外还增加强大的水流或海底电缆自由悬挂受力的条件。

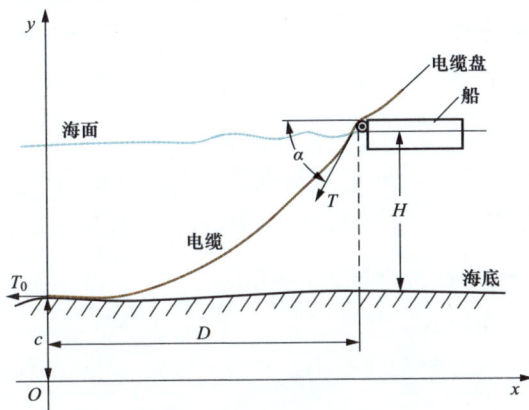

图 2-4 海底电缆由敷设船入水示意图

1. 敷设张力

当海底电缆从敷设船上入水时，在敷设滑轮上至少有 4 部分力与张力有关（见图 2-4）：

（1）敷设船与海底之间的海底电缆的静态质量。

（2）海底接触张力，它将转化为敷设滑轮上的额外张力。

（3）敷设滑轮与海底触地点之间的悬链线的额外质量。

（4）敷设滑轮上下运动时的动态力。

静态张力可表示为 $T_s = wD$。其中，w 为水中单位长度海底电缆的质量；D 为水深。这里忽略了海底电缆接触水面点与敷设滑轮出线点之间很短的长度。在敷设过程中，电缆并非垂直往下放入水中，必须通过船上的制动装置施加一定的张力，使电缆形成一条从敷设滑轮到海底触地点的正确的悬链线，在这些条件下，海底电缆逐渐触及海底。悬链线的形状与一定的海底条件张力有关，且悬链线的长度大于水深，使得悬挂在敷设滑轮上的海底电缆质量大于电缆垂直向下挂下的质量。顶部张力 T 即为敷设滑轮上海底电缆的张力，其可表示为

$$T = \sqrt{T_0^2 + w^2 s^2} \qquad (2-16)$$

式中　T_0——海底张力；

　　　s——悬链线的长度。

当海底张力 T_0 为零的时候，悬链线的长度 $s = D$，其中 D 为水深，则式（2-16）可简化为 $T = wD$。

上文所述张力为海底（水下）电缆敷设过程中均匀静态的张力，实际敷设过程中波浪将导致敷设船垂直运动，根据国际大电网会议研究报告《海底电缆机械试验推荐方法》（CIGRE TB 623）敷设过程中的动态张力可采用下述方法计算：

对于 500m 以下水深，采用安全系数法，张力表示为

$$T = 1.3\omega d + H \qquad (2-17)$$

式中　ω——1m 长电缆在水中重力，N/m；

　　　d——最大水深，m；

　　　H——最大允许海底剩余张力，N，可表示为 $H = 0.2\omega d$。

对式（2-17），d 的最小值规定为 200m；因数 1.3 是考虑到敷设张力和打捞张力产生的附加张力和敷设打捞过程中的动态张力；海底剩余张力是给敷设入水角一个适当的裕度，以防止在敷设时电缆产生扭结。

敷设水深超过 500m 时，计算试验张力表示为

$$T = \omega d + H + 1.2|D| \qquad (2-18)$$

式中　ω——1m 长电缆在水中重力，N/m；

　　　d——最大水深，m；

　　　H——最大允许海底剩余张力，N；

　　　1.2——动态张力的安全因素；

D ——动态张力。

动态张力采用对电缆的纵向弹性变形和实际的悬链形状均不予考虑的简化公式计算，具体可表示为

$$D = \pm \frac{1}{2} b_{\mathrm{h}} \cdot md\omega^2 \qquad (2-19)$$

式中 b_{h} ——放缆滑轮的峰对峰的垂直运动距离，m；

  m ——单位长度的电缆质量，kg/m；

  ω ——放缆滑轮转动角频率。

2. 涡致振动

不平整的海底和水下陡坡能够造成海底电缆的自由悬挂。当水流冲击海底电缆时，自由悬挂的海底电缆受到振动，水流产生了 Karmán 旋涡，交替地离开海底电缆的上部和下部的"边缘"，这样的旋涡还能在河流中的桥梁桩尾波观察到。旋涡从海底电缆上的消散称为涡脱落。每次涡流离开海底电缆，就会有一个力施加在海底电缆上。如果海底电缆处于水平状态，且水流也是水平的，但流向与海底电缆垂直，涡脱落点产生的力的方向会在垂直方向上下变化。涡脱落频率 f_{s} 可表示为

$$f_{\mathrm{s}} = St \frac{u}{D} \qquad (2-20)$$

式中 f_{s} ——涡脱落频率，Hz；

  u ——水流的速度，m/s；

  D ——海底电缆的直径，m；

  St ——Strouhal 数，对于海底电缆和相关的流速，St 可假定为 0.2。

自由悬挂海底电缆有很多固有频率，使海底电缆在该频率下能够像吉他琴弦一样振动。固有频率 f_{n} 是固有基频的倍数，即

$$f_{\mathrm{n}} = \frac{n}{2} \sqrt{\frac{T_{\mathrm{a}}}{m'L^2}} \qquad (2-21)$$

式中 n ——模数；

  T ——海底电缆的张力；

  m' ——单位长度海底电缆的质量；

  L ——自由悬挂长度。

自由悬挂海底电缆受到 Karmán 旋涡离开时的力的激发，产生了频率为 f_{s} 的

振动。当激发频率 f_s 接近或等于某一个固有频率 f_n 时，海底电缆会因共振而产生振动，这一现象称为"锁定"。结合式（2−20）、式（2−21），得到锁定和产生振动的最小流速为

$$u_{\min} = \frac{D}{2St} \sqrt{\frac{T_a}{m'L^2}} \qquad (2-22)$$

3. 其他力及影响

铠装必须能够承受海底电缆敷设和运行过程中所有可能的力。安装过程中产生的张力能以一定程度正确预测，安装和运行过程中其他的力和影响具有偶然性质，因而在其特性、幅度和频率等方面具有随机性。多种外力和应力可能在安装和（或）运行过程中损害海底电缆，具体如下：

（1）过度弯曲，多发生在安装过程中，由于设备不满足要求或操作不当导致。

（2）埋设过程中岩石边缘或礁石的冲击。

（3）敷缆机挤压或导轮放置不当。

（4）锚和渔具的冲击。

很难将这些意外事件产生的外部破坏影响进行量化。海底电缆铠装设计应基于对电缆路由沿线的预期危险和威胁情况的收集，包括安装过程中可能出现的危险，其中海底电缆敷设的历史和经验是另一个有价值的知识来源。可惜的是，目前还没有铠装单线直径和数量的通用设计原则，这是因为外力冲击、威胁和最大张力属于统计性事件，其有以下几条经验可供参考：① 钢丝用得越多，防护越好；② 单线越硬，防护越好；③ 双层铠装比单层铠装更坚固；④ 短节距礁石区电缆铠装损失抗张能力，但具有较好的防护侧向冲击能力。

铠装单线最佳直径依赖于几个因素。一方面，铠装单线必须有承受外部威胁（如渔具和锚具）的最小单线直径；另一方面，多数海底电缆制造商在海底电缆上仅采用有限数量的单线。铠装单线的直径对海底电缆的质量和外径有很大的影响。因此，海底电缆装船长度和敷设计划明显受到单线直径的影响。

为了制定安装计划，经常要确定侧压力（SWP）。侧压力是海底电缆能耐受而不会严重受损的最大允许侧向挤压力。"侧压力"的名称常会被误解，因为它描述的是单位长度的力（N/m），而非单位面积上的压力（N/m²）。侧压力的最好描述为对海底电缆施加的侧向力，此时海底电缆卷绕在滑轮上，承受一定的张力。侧压力可表示为

$$SWP = F_T/R \qquad\qquad (2-23)$$

式中　F_T——拉力；

　　　R——滑轮半径或弯曲的半径。

本节介绍了海底电缆机械结构设计的基本知识和常用公式，机械设计的关键是分析海底电缆存储、运输、敷设、安装等工况中可能面临的受力情况，从而对电缆设计提出要求，其目的是确保设计的电缆在后续施工运行中更加安全、可靠。

2.1.4　防腐设计

海水提供了一种腐蚀性环境。在开阔海洋中，如果按质量考虑，则含盐量要占到海水的 33‰～39‰。在边缘海、内海和海岸区，因河流淡水的混合或太阳辐照的蒸发作用，盐分会有很大的变化。在欧洲北海，随外海逐渐靠近海岸，盐分由32‰～36‰减少至15‰～25‰。而在波罗的海，盐分会由3‰增加至25‰。在热带水域，因为水体快速蒸发和（或）热带大量的降雨，盐分也会发生很大的变化。盐分随季节和水深的不同也会产生变化。有时采用实用盐度单位（psu）来表征含盐量，35psu 等于含盐量为按质量比 35‰的海水。

1. 导体防腐设计

海底电缆通常要求纵向阻水特性，在故障后阻止水分侵入电缆内部。在运输或安装时，也应避免水分从密封不严的端部封帽浸入。出于这一目的，阻水粉、阻水带或阻水纱在导体绞合时加入各层之间，一旦遇水这些阻水材料便会显著膨胀，有效阻塞水分浸入。多数阻水材料遇淡水时的阻水性能优于盐水的情况，其他疏水性复合物也可用于阻止水分迁移。石油膏是一种凡士林基的材料，可达到同样的阻水目的。充油电缆和黏性浸渍纸绝缘电缆具有纵向阻水性能，不需要采取附加措施。

2. 铠装防腐设计

铠装是海底电缆的重要保护层，具有抗拉强度和保护性能。然而，铠装在海水环境中也容易受到腐蚀，从而影响电缆的结构完整性和使用寿命。为了提高铠装的防腐能力，采取以下措施：

（1）镀锌处理：将铠装表面进行镀锌处理，形成一层锌层，有效阻止海水对铠装的腐蚀作用，从而延长铠装的使用寿命。

（2）特殊防腐涂层：在铠装表面施加特殊的防腐涂层，如聚氨酯、聚氯乙烯等，形成一层坚固的防腐保护层，提高铠装的抗腐蚀能力。

以上铠装防腐设计措施，可以有效抵御海水的浸蚀，延长铠装的使用寿命，确保海底电缆在恶劣海洋环境中可靠运行。

3. 外被层

擦伤会降低沥青和镀锌层的防腐作用，为避免这种损伤设置外被层，以保护在装船、敷设和埋设过程中海底电缆铠装的防腐性能。现代海底电缆具有挤包聚合物外被层或绕包聚丙烯绳外被层。具有聚丙烯绳绕包层的海底电缆设计适用于海水透过铠装单线到达内层塑料护套的情况。聚丙烯绳绕包层下狭小空隙中的水交换非常有限，极大减缓了腐蚀速率，一般认为聚丙烯绳外被层在牵引或敷设过程中的轻微破损不构成危害。对于圈绕进行储线或安装的海底电缆，外层聚丙烯绳的绞向应与铠装单线相同，否则它们会因下层钢丝松开而受力破裂。

2.1.5　环境设计

所有的工业项目都必须考虑对环境的影响，因此应对这些影响的相关性进行评估，并评估减少这些影响的可能性。针对以上情况要求建设工业项目诸如海底电缆必须严格执行环境影响评估（EIA）的规定。

1. 电缆损耗的影响

电力电缆运行时的传输损耗及其产生的环境影响，远大于海底电缆的原料生产、电缆的制造和运输产生的所有环境影响，这会产生不利影响，即电缆设计工程师可以将任何有问题的材料用于电缆而不影响电缆从生产到寿命终止的分析。只有将电缆运行所产生的环境影响暂时排除在外，才能显示设计方案之间的环境影响的差异。传输损耗的环境影响只有了解产生这些损耗的电能才能正确评估。例如，近海风电场的海底电缆传输损耗的影响可以在至少四种不同的方式下进行评估：

（1）由清洁风力能源产生传输损耗，因此环境影响为零。

（2）损耗消耗掉一些到岸的风能，减少了化石燃料发电的替代量。损耗的影响和等量化石燃料发电能源的影响一样。

（3）风能不能单独代替化石燃料能源，而是包括到岸的风电的混合能源，可包括化石燃料、核能和再生能源。

（4）以将来国际混合能源来考虑传输损耗的环境影响。

2. 海底电缆运行对环境的影响

电力电缆传输电力的损耗以热量的形式消散。在满负载传输时，热量损耗为 10～100W/m，这相当于一个家用电灯泡的热量损耗。损耗的热量不可避免地会散发到周围环境中，安装在海底上的电缆不会加热周围环境，因为水会带走几乎所有的热量。但是，自由安装的电缆表面可能比周围的水温要高，在长时间运行中，埋入的电缆会使周围的土壤变暖。

电缆附近的温度上升可能会改变深层适应冷环境生存小生物的生存条件，因为海底电缆设计要求无过分损耗，对大多数电缆工程，这种限制不被高度关注。从水下检查和修复作业可了解到，许多海底电缆被软体动物、海星和其他物种侵占，可能是因为海底电缆与近海风电场的基础或者沉没的船只所构成的人造礁石相似，成为其新的栖息地或普通海底。

为保护海洋环境，一些国家需要对海底电缆热排放进行限制，其对应的准则称为 2K 准则，即与海床未受外部热源干扰的情形相比，海底电缆上的海床受热上升的温度不应超过 2K。

3. 海底电缆的再生利用

海底电缆使用寿命终止后如何处置有几个不同的方案。

第一种解决方法是留在原地进行清洗并充水。把已丧失功能的海底电缆适当处置并向当局报告"废止使用"很容易，但拉出埋地的电缆很困难，并且废料的价值可能不够支付回收的费用。废弃的电缆还一直是渔民的障碍，且在新电缆敷设前必须弄清楚。如果决定把电缆留在原地，接下来还要用溶剂冲洗电缆消除绝缘油，并最终用水充满。

第二种解决办法是将海底电缆回收，恢复埋地电缆是非常困难的。再生利用的第一步是材料的分离，电缆里的金属成分（钢、铜、铅以及有色金属）通过机械分解很容易分离，可利用金属和其他材料的密度差异来分离。金属的价格可部分支付电缆回收成本。一个有希望的方法是用大压力水枪沿电缆将其切开。

聚合物成分成功回收方法是将电缆的成分分离成干净的材料。用筛选法在水中分离产生聚乙烯、交联聚乙烯、聚丙烯和聚氯乙烯等聚烯烃材料，而"聚氯乙烯"材料中含有导电材料、聚氯乙烯、乙丙橡胶、聚酯等。材料的回收（用来生产新材料）只有采用清洁的均质材料才有可能。硅烷交联聚乙烯的化学回收已在日本实施。最具成本效益和环保明智办法似乎是将电缆的聚合物材料作为热电厂燃料，通常与废物或生物质燃料一起燃烧。

第三种解决方案是利用海底电缆建立海洋生物的栖息地或人工礁石。根据观察发现，生物如软体动物、藻类、海星、珊瑚、甲壳类等栖息或生活在海底电缆上。海洋生物一般会受不同于平坦的海底的物体所吸引，因此已建成各种结构的人工礁石。当然，这些材料必须清理所有的残余液体和其他危险物品。废弃的电缆和废弃的电缆敷设船都已用于这个目的。

2.2 导　　体

电缆导体是电缆的核心组成部分，负责传输电能。生产海底电缆的导体通常选用铜或铝。铜因其低电阻率而成为首选，保证长距离传输损耗较低，同时铜具有稳定的化学性质、良好的耐腐蚀性和可加工性。在某些情况下，特别是考虑到成本和材料质量时，铝也可能作为导体材料使用，通过特定的合金化处理可提升其机械强度和耐腐蚀性。

2.2.1　导体材料选型

1. 铜的基本特性

铜属于重金属，化学符号为 Cu，电缆用铜的密度约为 8.89g/cm³，熔点为1083℃，具有紫红色的金属光泽，铜与其他金属相比具有下列特性：

（1）导电性和导热性。铜的导电性和导热性非常高，仅次于银，但铜的成本远低于银，这使得铜成为电气和电子设备中导体材料的首选，铜的这一特性也使其在电线、电缆、电机、变压器和各种电子元件中得到广泛应用。

（2）化学稳定性。常温下，铜与干燥空气中的氧气不发生反应，表现出较好的化学稳定性。但铜在潮湿环境中容易与二氧化碳反应生成绿色的铜锈（碱式碳酸铜），接触腐蚀性气体，也会发生腐蚀。

（3）力学性能。有较高机械强度，拉伸强度为 200～240MN/m²，布氏硬度为35～45HB，可以满足电线电缆的需要。

（4）延展性和可加工性。铜是一种富有延展性的金属，可以容易地被拉成细丝或压成薄片，首次加工量可达 30%～40%，这种性质使得铜易于加工成复杂的形状，可以采用压延、挤压、拉伸等加工方法，制成各种形状和尺寸的成品和半成品。

作为电缆导体材料，通常选用 GB/T 3952 《电工用铜线坯》的圆形截面铜线坯，牌号为 T1、热轧（M20）状态，含铜量在 99.95%以上，然后经进一步拉制线材（单丝），若干根圆单线绞合后成为导体线芯，绞合后的导体应满足 GB/T 3956《电缆的导体》中第二类导体的规定要求。

2. 铝的基本特性

铝是银白色金属，化学符号为 Al，密度为 2.7g/cm³，熔点为 660℃，导电用铝的主要特性如下：

（1）导电性与导热性。铝的导电性、导热性仅次于银、铜、金，居第四位，铝的导电率为（60%～62%）IACS（IACS 是国际退火铜标准，用来表征金属或合金的导电率）。

（2）耐腐蚀性。铝在金属活性序列中较为活泼，铝在空气中会迅速与氧气反应生成一层致密的氧化铝薄膜，能有效防止内部的铝继续氧化，从而赋予铝良好的耐腐蚀性。

（3）加工性能。铝具有良好的延展性和可塑性，易于加工成各种形状复杂的产品，包括管材、棒材、型材等。

（4）机械性能。纯铝的机械强度较低，纯铝电缆在弯曲和扭曲时容易开裂或折断，影响其耐用性和安全性。然而，通过特殊的合金配方和生产工艺（如辊压成型型线绞合和退火处理）可大大增强其机械强度和韧性。

（5）质量轻。铝的密度约为铜的 1/3，这使得铝导线在需要考虑质量的应用中（如架空输电线路、航空电缆等）非常受欢迎，可以减轻整体结构的质量，降低安装和运输成本。

铝作为导电材料的主要缺点是拉伸强度低，即使硬态铝仅约 100MN/m²；另外其还不易焊接，对焊接设备要求较高。电缆用铝通常选用 GB/T 3955《电工圆铝线》规定的 LY4 型或 LY6 型硬铝线。

3. 其他选型要求

选择电缆导体材料时，还需考虑以下因素：

（1）电缆的用途。不同的应用场合对电缆的载流量、机械强度和耐久性有不同的要求。

（2）环境条件。包括温度范围、湿度、腐蚀性物质的存在与否等，这些因素会影响电缆的使用寿命和安全性。

（3）经济性。初期投资、运行成本和维护成本等都是选择材料时需要权衡的因素。

（4）安装条件。电缆的质量、柔韧性和弯曲半径等物理特性对安装方式和可行性有直接影响。

综上所述，电缆导体材料的选择是一个综合考量性能、成本和环境适应性的决策过程。

2.2.2 导体结构

电缆导体按结构可分为实心导体、紧压圆形导体、型线导体、分割导体等。其中实心导体刚度大、弯曲性能差、绝缘层和导体易产生滑动，分割导体（通常用于 800mm² 及以上）因各股块间留有较大空隙，不利于导体的纵向阻水。因此，海底电缆的导体通常选用紧压圆形导体和型线导体。

1. 紧压圆形导体

紧压圆形导体是由若干根单丝按照一定的排列顺序和节距，以同一中心进行绞合，成为一个整体的导体线芯。单丝在绞线设备上逐层绞合，相邻绞层的绞线方向相反，以使扭转力矩之和为零。对于多层绞合导体，内层的节径比稍大，逐层减小，以使结构稳定。不同于常规陆缆导体，在海底电缆导体绞合过程中，通常同时采用每层导体绕包阻水带的方式，并通过模具逐层紧压，以提高导体的紧实度，填充系数可达到 90% 及以上，减小内部空隙，提高电缆的防水性能。紧压圆形导体具有较高的结构稳定性，增强了电缆的整体机械强度，使其能适用于需要频繁移动、弯曲或承受较大外力的场合。紧压圆形导体是目前比较常见的海底电缆导体结构，具有良好的可靠性及普遍适用性。紧压圆形结构如图 2-5 所示。

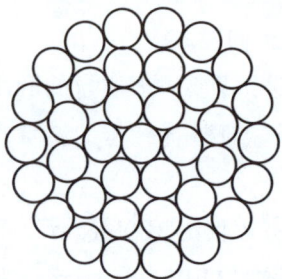

图 2-5　紧压圆形导体结构

2. 型线导体

型线导体采用成型单丝绞合成圆形导体，单丝被设计成 Z 形、T 形或其他复杂形状，海底电缆型线导体一般采用 T 形，T 形型线导体结构如图 2-6 所示。单丝的形状根据所处的位置进行弧度及角度的设计。不同于紧压圆形导体，型线导体绞合不需要模具冷拔，绞制时发热量小，对导体因晶格畸变导致的电阻

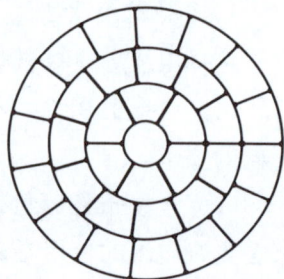

图 2-6　T 形型线导体结构

增大量影响甚微，同时单丝间接触面大，结构紧密，填充系数可达 97%以上，具有良好的径向和纵向阻水性能。因单丝间缝隙小，在绞合过程中，通常采用阻水胶辅以专用的灌胶设备进行型线间的缝隙填充。型线结构能够在有限的空间内提供更大的导电面积，因此，在设计大截面电缆时能够减小电缆的直径，减轻质量，有效节约绝缘、护套等材料的使用。但型线导体单丝加工成本高，导体设计及生产制造上也相对复杂，目前在海底电缆的应用大多针对特定工程需求，尤其是需要高效利用空间和优化电气性能的特殊应用场景，如高压直流海底电缆系统中。

2.2.3 导体阻水

海底电缆导体的阻水设计是确保海底电缆在海洋环境中安全可靠运行的关键技术之一。由于海水中含有大量的电解质，一旦海水进入电缆内部，不仅会降低绝缘性能，加速老化，还可能导致短路等严重故障。

国内海底电缆应用场所多为近海风电场或近海岛屿，敷设水深一般在 100m以下，常用的导体阻水方式为在导体绞合时分层填充阻水带、阻水纱或阻水粉。阻水带是由聚酯无纺纤维中加入聚丙烯酸酯阻水粉制成，阻水粉遇水后能在短时间内迅速膨胀到一定高度，封堵导体内部可能存在的微小缝隙，阻止水分沿着导体轴向流动。但随着海底电缆敷设水深的增加，在水压及海水中金属离子的作用下，阻水粉的膨胀性能会急剧下降，因此需要采用阻水胶填充技术，阻水胶是一种专门设计用于电缆内部阻隔水分的黏性材料，通过特殊的灌胶设备流动填充至导体之间的空隙，并在固化后形成密实的防水层。优质的阻水胶具有良好的化学稳定性和抗渗透能力，能在深海高压环境下长时间保持阻水功能。

对于紧压圆形导体结构，随着导体截面积的不断增大，单丝直径相应增加的同时会导致更多的单丝间缝隙，阻水性能逐渐变差，因此型线导体更适合作为大截面海底电缆导体结构设计。

海底电缆的阻水技术是一个系统工程，涉及整个电缆的设计、生产、施工及维护等多个环节，确保在极端条件下电缆内部不受海水浸蚀，维持长期稳定的运行状态，同时未来也将不断研发新型高效的阻水材料，如膨胀性树脂、阻水胶泥等，以适应不同深度和环境条件下的电缆阻水需求。

2.2.4　导体电阻

最高工作温度下，单位长度导体的交流电阻是决定和影响海底电缆的传输性能和输送容量的重要因素之一。交流电阻 R 计算详见 2.1.2。

≫ 2.3　绝　缘 ≪

海底电缆绝缘为内外电动势表面间的电动势差提供了有效屏障，绝缘系统做到高纯净度和均质是至关重要的。此外，绝缘必须具有优良的电气性能、机械强固性、耐热性和抗老化性能。绝缘材料性能直接决定了超高压海底电缆的质量和性能，以及是否满足超高压输电的长期运行可靠性要求。

2.3.1　绝缘材料选型

对于绝缘的考核，主要依据为 IEC 62067《额定电压 150kV（$U_m = 170kV$）以上至 500kV（$U_m = 550kV$）挤出绝缘电力电缆及其附件的电力电缆系统——试验方法和要求》。与陆缆相比，海底电缆的绝缘材料没有区别，但制造和应用条件有所不同，因此，适用于中高压等级海底电缆的材料仅有少数几种。海底电缆先后经历了油纸绝缘或充油绝缘应用历程，由于环保、维护成本高以及出于安全性考虑等因素，其很快就相继退出了海底电缆领域的主流"舞台"。随着现代化工高分子新材料技术的快速发展，现代海底电缆更加趋于采用制造难度更低、运维成本更低、性能更加稳定的绝缘材料和技术，如交联聚乙烯（XLPE）、聚丙烯（PP）等高分子改性聚烯烃材料，交联聚乙烯绝缘料如图 2-7 所示。

目前，交联聚乙烯（XLPE）因具有优异的绝缘性能，能够有效隔离导体与外部介质，降低电缆的电阻和功率损耗，提高电缆的传输效率和性能；也因其具有良好的耐化学性能，能够抵御海水中的盐、酸碱等化学物质的腐蚀，保持绝缘层的完整性和稳定性，确保电缆长期稳定运行，其已广泛应用在交流和柔性直流输电领域。聚丙烯（PP）因其具有更佳的介电性能、耐温性能、抗水特性被国内外多方研究和推出，但也因其在抗低温性能、抗老化性能、抗弯性能等多方面存在优劣争议而未能普及，仍在研究示范阶段。因此，本节后续内容将主要以交联聚乙烯（XLPE）为典型阐述绝缘设计选型要求。

图 2-7 交联聚乙烯绝缘料

交联聚乙烯绝缘典型技术指标见表 2-1。

表 2-1　　　　　　　　　交联聚乙烯绝缘典型技术指标

序号	项目		单位	性能指标要求
1	老化前抗张强度［（250±50）mm/min］		MPa	≥17.0
2	老化前断裂伸长率［（250±50）mm/min］		%	≥500
3	热延伸试验（200℃，0.20MPa）	负荷伸长率	%	≤100
		永久变形率	%	≤10
4	相对介电常数		—	≤2.35
5	介质损耗因数（tanδ）		—	≤5.0×10^{-4}
6	短时工频击穿强度（较小的平板电极直径 25mm，升压速率 500V/s）		kV/mm	≥30
7	体积电阻率（23℃）		Ω·m	≥1.0×10^{14}
8	杂质最大尺寸（1000g 样片中）		mm	≤0.075

2.3.2　交联聚乙烯绝缘厚度设计

交联聚乙烯是聚乙烯通过交联工艺，即采用物理或化学的方法，将聚乙烯分子从线型或支链型结构经交联反应成三维网状结构的交联聚乙烯大分子，聚合后的交联聚乙烯具有优良的电气性能和机械性能，在相当高的温度下保持稳定，超过 300℃时才会发生高温分解。制成电缆后，长期运行温度达到 90℃。有机过氧化物是交联的引发剂，在绝缘材料工厂就将其添加入原料，在挤出机头内通过挤出包覆在导体上，交联反应发生在挤出机头后的充满惰性气体的高温高压管道内，三层共挤机头生产实拍如图 2-8 所示。

图 2-8　三层共挤机头生产实拍

交联聚乙烯是海底电缆绝缘材料的首选，目前已广泛应用在交流和柔性直流输电领域。在早期，这一材料因其对水分敏感导致水树产生，引起绝缘水平下降和寿命缩短。自 20 世纪 80 年代，交联聚乙烯的质量和击穿电压有了明显改善，电缆设计和制造上对于防水进行了更周全的考虑，水树问题得到了极大改善。

目前，交联聚乙烯海底电缆绝缘厚度设计基于其预期使用寿命周期内能安全承受各种可能电压条件、交流和直流因工作方式差异，在绝缘设计时的条件选取存在明显差别。

1. 考虑工频交流耐受电压和雷电冲击耐受电压影响

交流交联聚乙烯海底电缆绝缘厚度设计主要考虑工频交流耐受电压和雷电冲击耐受电压，计算方法如下。

（1）绝缘厚度按工频耐压设计。交联电缆耐受交流耐压所需绝缘厚度计算公式为

$$t_{ac} = \frac{\dfrac{U_{max}}{\sqrt{3}} \times k_1 \times k_2 \times k_3}{E_{Lac}}$$ （2-24）

式中　U_{max}——系统最高线电压，kV；

k_1——劣化系数；

k_2——温度系数；

k_3——安全系数；

E_{Lac}——交流击穿电压最小击穿电场强度。

式（2-24）涉及的物理量解释具体如下：

1）最高线电压 U_{max}。指系统运行过程中，可能出现的最高运行线电压。

2）劣化系数 k_1。定义为根据 $V-t$ 特性，1h 耐压值与海底电缆设计寿命耐压值之比，表示方法为 $Vnt = C$。其中，V、t 分别作为施加电压和通电时间；n 则为常数，称为寿命指数；C 为常数。

3）温度系数 k_2。定义为常温时的破坏强度值和高温时的破坏强度值之比，与绝缘材料、工艺等有很大的关系。

4）安全系数 k_3。是应对不可预估的突发事件考虑。

（2）绝缘厚度按雷电冲击耐压设计。交联电缆耐受雷电冲击电压所需绝缘厚度计算公式为

$$t_{IMP} = \frac{BIL \times k_1' \times k_2' \times k_3'}{E_{LIMP}}$$ （2-25）

式中　BIL——基准冲击电压水平；

k_1'——脉冲劣化系数；

k_2'——脉冲温度系数；

k_3'——脉冲安全系数；

E_{LIMP}——冲击击穿电压最小击穿强度。

式（2-25）涉及的物理量解释具体如下：

1）基准脉冲水平 BIL。为系统雷电冲击电压。

2）雷电冲击劣化系数 k_1'。为重复承受冲击电压的老化系数。

3）雷电冲击温度系数 k_2'。对于雷电冲击温度系数的影响因素考虑与工频温度系数一致。

4）雷电冲击安全系数 k_3'。对于雷电冲击安全系数的考虑与工频一致。

5）雷电冲击击穿电压最小击穿强度 E_{LIMP}。E_{LIMP} 由绝缘材料经大量试验，绘出威布尔分布曲线，通过曲线求得。

2. 考虑试验电压和长期运行电压影响

直流交联聚乙烯绝缘海底电缆由于绝缘内存在空间电荷问题，常规交联聚乙烯材料不适用于高压直流，在直流电压作用下，空间电荷将在绝缘层中的陷阱中积聚，产生对绝缘内部不利的电场畸变。为解决空间电荷问题，绝缘材料制造商研发了特殊配方的交联聚乙烯，例如北欧化工的超纯净低交联体系的 LS4258DCE（长期运行最高温度 70℃、不可用于常规直流）、住友 JPS 的官能团接枝体系（长期运行最高温度 90℃，可用于常规直流）、陶氏化学 HFDA 4401 DC（长期运行最高温度 70℃，不可用于常规直流）。目前有商业应用的是北欧化工的 LS4258DCE 和住友 JPS 的高压直流交联聚乙烯绝缘料。国内绝缘料开发起步较晚，尤其是在高压直流方面。

直流电缆绝缘厚度设计以试验电压和长期运行电压作为计算依据，相关击穿电场强度数据和老化寿命指数由试验获得。

（1）按照试验电压进行设计。试验电压下的设计电场强度的计算公式为

$$E = \frac{E_{bd}}{K_1 \times K_2 \times K_3} \qquad (2-26)$$

式中　E——XLPE 绝缘在额定直流电压下的设计电场强度；

　　　E_{bd}——XLPE 绝缘在高温下的短时直流击穿电场强度；

　　　K_1——安全系数，通常取 1.2；

　　　K_2——老化系数；

　　　K_3——电压系数，型式试验电压（$1.85U_0$）与额定直流电压（U_0）之比，取为 1.85。

（2）按照长期运行电压进行设计。额定直流电压下的设计电场强度计算公式为

$$E = \frac{E_{bd}}{K_1' \times K_2' \times K_3'} \qquad (2-27)$$

式中　E——XLPE 绝缘在额定直流电压下的设计电场强度；

　　　K_1'——安全系数，通常取 1.2；

　　　K_2'——老化系数；

　　　K_3'——电压系数，此处取值为 1。

此外，还须考虑绝缘厚度产生的内外温度梯度对绝缘电导率特性分布的影响。

2.3.3　交联聚乙烯绝缘发展现状

国内海底电缆普遍采用北欧化工和美国陶氏化学所产的进口交联聚乙烯绝缘材料，两者均处于海底电缆发展先行优势地区，拥有深厚的材料科学研究经验和合理的产业布局。其材料均具有洁净度高、抗焦烧性能强、电气性能稳定等特点。

而在大长度（长时间）超高压（大胶量）海底电缆绝缘挤出制造过程中，就需要绝缘材料具有超洁净、抗焦烧及减少交联副产物产生等特点。进口交联聚乙烯绝缘材料，尤其是北欧化工 LS4××× 系列产品，是基于超硫化技术的可交联超洁净天然聚乙烯化合物，具有优越的电气性能和超高的材料洁净度，也提供了极佳的预防焦烧能力支持长时间的生产挤出，同时交联副产物的产生更少，除气时间更短。因此在海底电缆领域，交联聚乙烯绝缘材料存在极强的国外垄断性。

包含海底电缆在内的所有线缆都是我国电力能源建设产业链中的强链，绝缘自主化需求极高，海底电缆以及 110kV 及以上的陆缆都存在着关键绝缘材料"卡脖子"困境。针对该困境，国家已在近年依托多个部委平台，建立了多线的绝缘自主化攻关研发项目组，希望从根本上解决绝缘料这一"卡脖子"难题，确保国家电网建设的可持续性和安全性。在"以国内大循环为主体，国内国际双循环相互促进"的新发展大背景下，我国线缆相关科研院所和企业依靠自主研发，不断实现技术进步。自 2012 年起，国内团队开展了直流 100、320、500kV 电缆绝缘材料及电缆系统的研制，其中 2016 年直流 500kV 电缆绝缘材料及电缆系统研制获得国家重点研发计划支持。自 2014 年起，国内团队同步开展了交流 220kV、交流 500kV 电缆绝缘材料研制。上述研制均已通过试验认证测试，部分电压等级的电缆在"张北柔直±535kV 示范项目""南网深证水贝线 220kV 全国产化示范项目"等多个陆用项目中示范落地。

高压电缆绝缘料国产化已取得了初步示范成效，但距离真正意义上的电缆绝缘料国产化（尤其超高压用绝缘料）仍面临着一些挑战和困难，例如：

（1）国内未设置电缆绝缘专用基料产线，基料的稳定性和洁净度无法保障。

（2）大长度海底电缆用长时耐焦烧的绝缘材料及技术尚未突破。

（3）高压电缆应用市场对于绝缘国产化的认可度不高等。

综上，海底电缆和高压陆缆用交联聚乙烯绝缘的全自主化生产应用目标任重而道远。

2.3.4　其他绝缘特点

1. 乙丙橡胶绝缘

与交联聚乙烯相比较，乙丙橡胶的介质损耗因数和相对介电常数较大，使其不适用于超高压系统。但乙丙橡胶具有良好的弹性、耐老化性、绝缘性能、耐候性能，且吸水性小，浸水后抗电性能基本不衰减，因此常用于动态海底电缆等对于弯曲性能和抗水树性能有较高要求的产品中。乙丙橡胶的绝缘设计一般参照交联聚乙烯进行。

2. 充油纸绝缘

充油电缆制造工艺相当复杂，供油装置也很复杂，在海底电缆受损时漏油会对环境产生难以预测的影响。其绝缘由不同厚度的绝缘纸带绕包而成，厚度一般为 $50\sim180\mu m$，在超高压交流电缆中，薄纸带用在靠近导体的电场强度较高处，厚纸带绕制在绝缘外层，绝缘的叠层厚度设计提供了良好的弯曲性能。充油电缆运行时由岸上供油装置将液压传递到电缆所有部位，当电缆因负载变化出现收缩或膨胀时，绝缘油压将由供油装置进行补偿。当电缆损伤时，为保证绝缘性能而通过绝缘油压调节进行补偿。根据电缆的设计，可采用不同的措施提供油道。单芯电缆具有中空导体，三芯电缆在缆芯之间的空隙形成导体。

3. 油浸纸绝缘

浸渍纸绝缘电缆适用于海底大功率直流输电，与充油电缆相比，浸渍纸绝缘电缆需要不同的绝缘纸，一般选用高密度纸，为了制造高性能的电缆，绝缘绕包必须在受控的湿度和极高洁净度条件下进行。当电缆处于冷态时，绝缘绕包间隙内存在小气孔，在电场作用下可能产生局部放电，同一位置的多次重复局部放电将使绝缘纸裂解，最终导致击穿，因此浸渍纸绝缘电缆不能用于高压交流场合。当电缆逐步变热，浸渍剂会膨胀并填满所有可能的气孔。当电缆受损时，不会对环境产生漏油。

4. 聚丙烯绝缘

国内现有主流海底电缆交联聚乙烯（XLPE）绝缘材料的生产过程具有反应不易控、副产物多、脱气处理时间长、能耗高等诸多问题；而且 XLPE 是热固性材料，退役后难以回收，无害化处理耗能大、成本高，不符合当前"双碳"目标及环保的发展战略。此外，高压及超高压 XLPE 绝缘料及其基础料目前被"卡脖子"形势严峻。

聚丙烯（PP）作为一种极具应用潜力的新型热塑性绝缘材料，受到了广泛的关注。相比传统的 XLPE 材料，PP 绝缘性能优异，耐温等级高，可回收再利用，具有明显的经济环保优势；挤出过程无须交联，生产能耗可减少 50%以上，并能在集成生产线生产，节省厂房用地面积达 30%以上，聚丙烯电缆退役后，每千米 10kV 三芯 PP 绝缘电缆预计可回收近 500kg 优质塑料，全生命周期过程的碳排放量比 XLPE 电缆减少 39%。

电力电缆级 PP 绝缘料的研究报道始于 20 世纪 90 年代初，主要源于日本、韩国和欧洲一些相关的企业和研究机构。普睿司曼（Prysmian）是 PP 电缆领域的领跑者，1997 年申请了首个聚丙烯绝缘电缆专利，聚丙烯电缆在 2006 年首次在意大利试点运行，2013 年后分别在荷兰、西班牙和芬兰运行，目前已经投入运行的 PP 电力电缆超过了数十万千米。普睿司曼研发的 P–Laser 电缆系统已达到±600kV，并中标了德国±525kV 直流输电工程，项目将在 2025 年建设成功。日本三菱（Mitsubishi）电缆公司全面对比了等规、间规聚丙烯和 XLPE 绝缘材料的电–热–机械性能，并采用间规聚丙烯/聚烯烃弹性体共混改性材料研发了 22kV 电缆。此外，法国 Nexans、英国 GnoSys、韩国 LS、北欧化工等公司也申请了大量的聚丙烯电缆相关专利，但没有相关工程应用报道。

1990 年起，国内就实现了潜油泵用聚丙烯绝缘线缆的研发和应用，但对聚丙烯绝缘电力电缆的研究在 2010 年后才起步，主要研究单位有清华大学、天津大学、上海交通大学、西安交通大学、哈尔滨理工大学、中石化北化院、燕山石化、浙江万马、东方电缆、上海华普电缆、江南电缆和上上电缆等多家高校、研究所和企业。目前国内主要的绝缘料开发技术路线有弹性体共混、共聚改性、纳米掺杂和接枝改性等。弹性体共混和共聚改性仅可实现材料机械性能的调控，但会导致绝缘性能的衰减；纳米掺杂虽然可以大幅度提高材料的绝缘性能，但纳米粒子的分散性和高成本等问题，导致该技术难以用于批量化制备；接枝改性是通过化学反应在聚合物基体分子链上接枝功能性化学基团，在微观层面上对聚合物分子链进行修饰，进而实现宏观性能的调控，且对于材料的加工性能和机械性能没有负面影响，在规模生产方面有显著的优势，但生产适应性方面却有待提升。

自 2020 年 1 月国内首条 10kV PP 绝缘电缆在上海挂网后，相关研究报道呈井喷式增长。短短 3 年间，已挂网的聚丙烯电缆等级从 10kV 跨越至 110kV，行业发展异常迅猛。然而由于聚丙烯电缆技术开发晚，国内聚丙烯电缆的制造与应用技术同国外还存在明显差距，主要表现为聚丙烯绝缘性能的机理研究不够深入、电缆制造设备先进性不足，电缆绝缘挤出工艺调控经验少，安装敷设及长期监测运维经验缺乏等方面，难以满足聚丙烯电缆产业化发展的需求，有待更进一步的研究。

》2.4 半导电屏蔽 《

半导电屏蔽层作为高压电缆必不可少的组成部分，如果将交联聚乙烯直接挤出在导体上，导体的凹陷、隆起和不规则的情形会产生局部电场集中，从而降低绝缘的绝缘强度。为了避免这一情况，在导体上挤包一层半导电屏蔽材料，使朝向交联聚乙烯绝缘的介质界面尽量光滑。三层结构"导体屏蔽—绝缘—绝缘屏蔽"组成了海底电缆的绝缘系统，确保了绝缘层免受内外部结构的影响，通过三层共挤技术紧密包围在绝缘层内外。内、外半导电层分别与电缆导体、金属屏蔽层形成等电位，使得绝缘与高压电位、地电位之间形成光滑界面，起到消除金属导体表面毛刺或凸起、均匀界面电场分布、抑制局部电场强度过高、防止局部放电的作用。半导电屏蔽材料一般由基体树脂、导电填料、交联剂、抗氧剂及其他加工助剂组成，通过挤压成型制成半导电层。半导电屏蔽层材料的主要指标包括表面光滑度、体积电阻率、温度–电阻系数以及力学性能（如抗拉强度、断裂伸长率、热延伸、热变形）等。半导电屏蔽层材料性能指标见表 2–2。

表 2–2　　　　　　　　半导电屏蔽层材料性能指标

序号	项目		单位	性能指标要求
1	老化前抗张强度 [（250±50）mm/min]		MPa	≥12.0
2	老化前断裂伸长率 [（250±50）mm/min]		%	≥150
3	热延伸试验（200℃，0.20MPa）	负荷伸长率	%	≤100
		永久变形率	%	≤10
4	体积电阻率	23℃	Ω·m	≤1.0
		90℃	Ω·m	≤3.5

2.4.1　半导电屏蔽层材料选型

半导电屏蔽层材料的选择需综合考虑电缆设计、工作条件、安全标准及环境因素，确保电缆整体性能的优化。不同绝缘材料的电缆在选择半导电屏蔽层材料时，主要考虑以下几个方面的要求。

1. 兼容性

半导电屏蔽层材料需要与电缆的绝缘材料兼容，确保在长期使用过程中不会发生化学反应，影响电缆的电气性能和使用寿命。例如，交联聚乙烯（XLPE）绝缘电缆通常使用与其相匹配的过氧化物或硅烷交联型半导电屏蔽料。

2. 电阻率

半导电屏蔽层的电阻率需控制在一定范围内，既要保证一定的导电性以均匀电场分布，又要避免电流过大导致发热。不同电压等级和使用环境对电阻率有不同的要求，如高压电缆可能需要更低的电阻率以减少局部放电。

3. 机械性能

半导电屏蔽层材料需要具备良好的机械强度和柔韧性，以适应电缆在安装、运行过程中的弯曲、拉伸等机械应力，同时在电缆的整个生命周期中保持稳定可靠的电气连接。

4. 耐温性能

根据电缆的工作环境温度范围，半导电屏蔽层材料应具有相应的耐高温或低温性能，确保在极端温度下仍能保持良好的电气和机械性能。

5. 加工性能

半导电屏蔽层材料应易于加工，包括挤出、涂覆等工艺，以便于生产制造，并且在加工过程中不易产生杂质或损伤。

6. 环保要求

现代电缆材料越来越注重环保，要求材料无毒、易回收处理，并符合国际和地区的环保法规。

综上，针对以上选型要求，具体到不同类型的绝缘材料，其具体选择如下：

（1）橡皮绝缘电缆。选用半导电橡皮作为屏蔽层，以适应其弹性特性和环境适应性。

（2）油纸电缆。通常采用金属化纸带或半导电纸带作为导体屏蔽材料，以改善电场分布并保护绝缘层。

（3）塑料绝缘电缆（如 PVC、XLPE、PP）。多使用半导电塑料作为屏蔽层，材料可能包含交联聚乙烯基半导电屏蔽料，以满足特定的性能需求，如 JB/T 10738《额定电压 35kV 及以下挤包绝缘电缆用半导电屏蔽料》规定的交联聚乙烯绝缘电缆用半导电屏蔽料。

目前国内超高压海底电缆多为交联聚乙烯海底电缆，其用半导电屏蔽材料由以聚乙烯为基材的共聚物混合一定组分的炭黑材料制成。半导电屏蔽料的洁净度及半导电屏蔽层与绝缘层界面的光滑程度是影响海底电缆质量和可靠性的关键因素，高压海底电缆半导电屏蔽料大多选用北欧化工的 BorlinkLE0500 屏蔽料，具有优良的热稳定性和挤出防焦烧性能。

目前，我国高压交直流电缆用半导电屏蔽复合材料长期依赖国外进口（陶氏化学和北欧化工等），受制于人，每年进口高压电缆半导电屏蔽料超 1.2 万 t，花费 3 亿～4 亿元，成为电工材料领域"卡脖子"的关键问题，对我国高压电缆发展和输电安全构成极大威胁。研发新型高压国产屏蔽料，解决"卡脖子"难题，一直是高压海底电缆领域持续研究的课题。

2.4.2 半导电屏蔽设计

半导电屏蔽设计主要是半导电屏蔽层厚度的选择，应当综合考虑电缆的设计电压、机械强度要求、制造工艺可行性及经济性等因素，并参考相关行业标准或规范，确保电缆既安全可靠又经济高效。在具体应用中，通常会有详细的设计指南和标准（如 IEC 或 GB 标准）供工程师参考。选择半导电屏蔽层的厚度时，主要考虑以下几个因素。

1. 电场均匀性

半导电屏蔽层的一个关键作用是改善电场分布，减少绝缘层内部的电场强度梯度，从而降低绝缘材料发生局部放电的风险。厚度适中的半导电屏蔽层能更有效地均匀线芯外表面的电场，特别是对于导体表面不平滑或线芯绞合产生的微小气隙，可以有效桥接，防止这些区域成为局部放电的起始点。

2. 机械性能

半导电屏蔽层还需要具备一定的机械强度，以抵抗安装过程中的机械应力，以及长期运行中的热胀冷缩等影响。过薄的屏蔽层可能易于损坏，而过厚则可能导致电缆整体尺寸增加，影响灵活性和安装便利性。

3. 电阻率匹配

半导电屏蔽层的电阻率需要精心设计，既要足够低以确保良好的电场控制，又不能太低以免形成导电通路。因此，厚度也要与材料的电阻率结合考虑。

4. 制造工艺与成本

实际生产中，半导电屏蔽层的厚度还受到制造工艺的限制。较薄的层可能更难加工且成本更高，而过厚的层虽然加工容易但可能增加材料成本。

5. 电缆电压等级

不同电压等级的电缆对半导电屏蔽层的要求不同。通常，高压电缆（如 35kV 及以上）更倾向于使用不可剥离型的外半导电屏蔽，其厚度通常需要根据电缆的具体设计和标准来确定。

2.5 金 属 套

为了保持介电强度，必须防止过量的水渗入绝缘材料。大多数高压海底电缆都有金属护套，以防止进水，铝、铅、铜和其他各种形状的金属均可用于此目的。由于中压电缆的绝缘具有较低的电场强度，因此通常可以不使用金属护套或采用较简单的护套设计。一种策略是在电缆的聚合物护套下加入一些吸水剂，聚合物护套将是水密的，但将允许很少的湿度在蒸发阶段通过护套扩散。在电缆的整个经济寿命期间，吸水剂有足够的能力使绝缘保持足够的干燥。

2.5.1 铅护套

惠斯通和库克早在 1845 年就建议在电报电缆中使用铅护套。自 1797 年以来，人们就知道铅芯挤压，经过电缆工程师的不懈努力，才达到如今的铅芯护套质量。1900 年之前，大多数大型电缆制造商使用冲压机生产铅护套，生产良好的铅护套完全不透水且没有湿度扩散。对于含油和浸渍的电缆，铅护套提供了一个外壳，以保护电缆外的环境。此外，铅增加了电缆的质量，这在某些情况下对电缆在海底的稳定性很重要。使用螺杆挤出机，长度 100km 的海底电缆可以在一个不间断的长度内以合理的成本覆盖铅。将铅合金与锑、锡、铜、钙、镉、碲等合金元素结合使用，可以大大提高其长期稳定性、蠕变和挤压性能。标准 EN 50307 列出了许多电缆用铅合金，海底电缆用铅合金及其成分见表 2-3，其中铅合金已成功用于长海底电缆的挤压。铅和铅合金非常柔软，在制造、电缆运输、安装等过程中必须防止机械损伤，因为早期经常发生铅护套被不对齐的电缆滚轮或突出的边缘撕裂的情况。此外，早期的铅护套机（在挤压之前，通常使用不连续的冲压机）生产的护套带有褶皱、空气侵入、孔洞等。综上，铅护套损坏的风险较高，因此许多电缆都是用铅护套加一层塑料护套生产的。铅护套海底电缆如图2-9所示。

表2-3　　　　　　　　　　　　　海底电缆用铅合金及其成分

合金牌号及标准来源		合金元素及百分比				
EN50307	常规名称	As	Bi	Cd	Sb	Sn
PK012S	1/2 C			0.06~0.09		0.17~0.23
PK021S	E				0.15~0.25	0.35~0.45
PK022S	EL				0.06~0.10	0.35~0.45
PK031S	F3	0.15~0.18	0.08~0.12			0.10~0.13

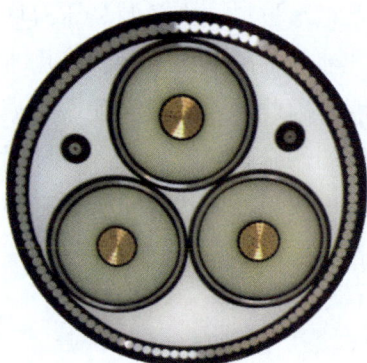

图2-9　铅护套海底电缆

当今的海底电缆通常采用高可靠性的挤压机铅包覆，铅包覆层厚度公差小，合金稳定性好。当螺杆挤出机用于铅芯覆盖时，聚乙烯（PE）挤出机可以在铅芯挤出后立即应用PE护套，从而在随后的制造过程中保护铅芯。铅护套和塑料护套的在线厚度测量有助于提供高质量的护套系统。铅护套易受疲劳过程的影响，振动、反复弯曲和热循环均可导致铅合金的再结晶，晶界发展为微裂纹可导致铅套水密性恶化。电缆敷设船的波浪运动可以使悬挂在船上的电缆多次反复弯曲，波的特性、振幅、弯曲次数和弯曲半径的不同可能会导致铅套过早疲劳，最终导致铅套破裂。

　　为了降低热循环引起的疲劳风险，铅包电缆会连同附件进行型式试验及预鉴定试验，通过模拟实际工况对电缆结构的可靠性进行验证后方可投入使用。铅护套电缆多用于干式电缆结构中，通过调节铅套生产的厚度可承受较大范围的短路电流。

2.5.2　铝护套

　　铝护套有不同的形状，包括挤压、焊接或层压。对于焊接护套，0.5~4mm厚度的铝带在电缆周围折叠，并设置导辊。带子边缘被修整到正确的尺寸，并纵向焊接形成一个管。焊接可采用激光焊接方法。管状护套焊接后可波纹化，提高柔性。必须仔细检查焊缝是否有针孔。焊接的波纹电缆护套可以由比挤压的更耐腐蚀的合金制成。挤压铝护套已经采用了几十年的直线和波纹形状。厚度为 2~4mm 的挤压铝护套偶尔用于海底电缆，但严重的腐蚀问题仍然发生。挤压铝护套通常不用于海底电缆，但近年出于降本增效的目的，一些风电场开始考虑在阵列缆中采用铝护套海底电缆。波纹、平滑铝护套电缆分别如图 2-10、图 2-11 所示。

图 2-10　波纹铝护套电缆　　　　　　图 2-11　平滑铝护套电缆

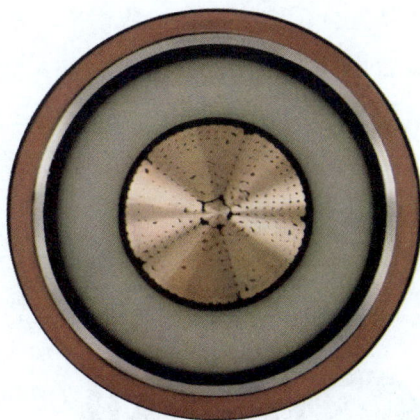

2.5.3　铜护套

　　焊接和波纹铜带制成的铜护套有时用于海底电缆应用。波纹设备可以提供具有环形或螺旋间隙的波浪结构。对于海底电缆，环形间隙结构是首选，因为其在损坏的情况下提供了更好的纵向水迁移屏障。波纹"波"的轮廓可能是正弦波、梯形或其他形状。这些形状在内部或外部耐压、弯曲和疲劳性能方面具有不同的性能。铜护套是耐腐蚀的，在适当的尺寸甚至可以承载短路电流。单独的铜丝屏蔽是可有可无的。使用铍等合金元素可以改善铜的性能。铜护套被认为对疲劳现象有很强的抵抗力，然而疲劳现象会在大量弯曲后破坏铅护套。因此，铜护套可以用于动态电力电缆，这些电缆可以自由悬挂在浮动的石油和天然气平台上，并且可以在波浪作用下反复弯曲。波纹铜护套电缆如图 2−12 所示。

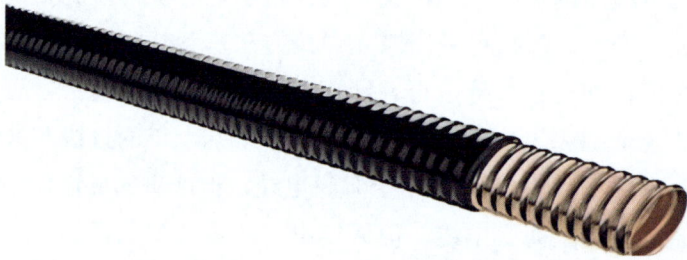

图 2−12　波纹铜护套电缆

2.5.4　其他形式金属护套

铝塑复合带结构护套由薄铝箔（厚度为 0.1～0.3mm）与一层聚乙烯共聚物层压复合而成。在电缆生产过程中，这种层压在电缆芯周围成型，外面是聚合物层。铝塑带的边缘重叠处用胶黏合在一起。与此同时，将 PE 护套直接挤压到铝带的 PE 层上。铝塑带因此牢固地黏合到外层 PE 护套上。只有通过这种结合，铝护套才能承受电缆弯曲而没有波纹或折痕。在大多数情况下，在铝塑带的内层有一层铜丝屏蔽来承载短路电流。虽然铝箔绝对不透水或受潮，但微量的湿度可能会通过胶合缝扩散到电缆中。侵入电缆中湿度的含量取决于接缝的几何形状和使用的材料。电缆内部的水吸附剂将湿度水平降低到可接受的水平，以便在海底中安全使用铝塑带电缆，该形式多用于风机间电缆以及 66kV 以下电压等级电缆的半湿式结构。铝塑带结构电缆如图 2−13 所示。

图 2−13　铝塑带结构电缆

2.6 非金属内护套

非金属内护套主要对海底电缆起到机械保护、防化学腐蚀、电气绝缘保护、防潮防水等作用。常用的非金属套材料一般有聚乙烯（PE）、聚氯乙烯（PVC）等聚合物材料。

聚乙烯（PE）材料绝缘电阻和耐电强度高，可挠性、耐磨性好，耐热老化性能、低温性能及耐化学稳定性好。海底电缆最关键的指标是耐水性好、吸湿率极低，使其浸在水中绝缘电阻一般不下降。

聚氯乙烯（PVC）是以聚氯乙烯树脂为基础，加入各种配合剂混合而成的。其力学性能优越、耐化学腐蚀、不延燃，耐候性、电绝缘性能好，且容易加工、成本低，但是介质损耗较大，不适用于高频或高压的场合，通常应用在 6kV 以下低压海底电缆的绝缘和护套材料。此外，PVC 材料在高温下有一定的毒性，不利于环保。

2.6.1 非金属护套材料选型

1. 绝缘型聚乙烯护套

聚乙烯是由乙烯聚合而成的，可分为低密度聚乙烯、中密度聚乙烯和高密度聚乙烯三种。

（1）低密度聚乙烯。在纯净的乙烯中加入极少量的氧气或氧化物作引发剂，压缩到 202.6kPa 左右，并加热到约 200℃，乙烯就可聚合成白色的蜡状聚乙烯。

（2）中密度聚乙烯。中密度聚乙烯大多是高密度聚乙烯和低密度聚乙烯的掺合物，也有用乙烯与丁烯、醋酸乙烯和丙烯酸酯等单体共聚的中密度聚乙烯。

（3）高密度聚乙烯。在常温常压下，用特殊的有机金属化合物作催化剂，使乙烯聚合成高密度聚乙烯，它具有良好的耐热性和力学性能。

三种聚乙烯的一般性能见表 2-4。

表 2-4　　　　　三种聚乙烯的一般性能

项目	性能		
	低密度聚乙烯	中密度聚乙烯	高密度聚乙烯
密度（g/cm³）	≤0.940	0.940～0.955	0.955～0.978
弹性模量（×10⁸MPa）	0.1～0.3	0.2～0.4	0.4～1.1

续表

项目	性能		
	低密度聚乙烯	中密度聚乙烯	高密度聚乙烯
成形收缩率（%）	1.5～5.0	1.5～5.0	2.0～5.0
抗拉强度（×0.1MPa）	80～160	85～250	220～390
伸长率（%）	90～800	50～600	15～1000
弯曲强度（×0.1MPa）	—	340～490	70
冲击韧性（×0.1J/cm²）	不断	2.1～6.9	86
邵氏硬度（HD）	41～46	50～60	60～70
承受压力1.86MPa的热变形温度（℃）	32～41	41～49	43～49

低密度聚乙烯抗拉强度、邵氏硬度和热变形承受压力较差，耐环境开裂能力高，主要用于通信海底电缆、控制海底电缆、信号海底电缆和电力海底电缆的护层；中密度聚乙烯和高密度聚乙烯主要用于通信海底电缆、光缆、海底电缆、电力海底电缆的护层，中密度聚乙烯比高密度聚乙烯弯曲强度高、弹性模量小。对于对护套硬度没有极高要求的海底电缆，一般选择中密度聚乙烯作为内护套。对于特殊环境则选用高密度聚乙烯作为内护套。

2. 半导电聚乙烯护套

半导电聚乙烯是以聚乙烯材料为基料混合导电材料制成的聚合物材料，半导电护套材料的性能参数见表2-5。

表 2-5　　　　　　　　　　半导电护套材料的性能参数

序号	项目		单位	性能指标要求
1	密度（23℃）		g/cm³	≤1.15
2	老化前抗张强度［(250±50)mm/min］		MPa	≥12.5
3	老化前断裂伸长率［(250±50)mm/min］		%	≥300
4	空气热老化（100℃，7d）	抗张强度变化率	%	±25
		断裂伸长率变化率	%	±25
5	体积电阻率（23℃）		Ω·m	≤1.0

长距离海底电缆采用半导电聚乙烯护套作为内护套，可为金属套和金属丝铠装间提供导电通道，金属套在两端接地情况下，感应电动势为零。但也有学者提出，金属套与金属丝铠装通过半导电护套形成电气连接，可能带来金属套和铠装间的电腐蚀。

2.6.2　非金属内护套设计

一般对金属套和铠装两端互连接地的大长度单芯海底电缆，绝缘线芯的铅套外应挤包以 PE 为基料的半导电护套作为内护套；也可挤包以 PE 为基料的绝缘型护套料（ST7 型）作为内护套。当选用绝缘型内护套时，可沿海底电缆长度方向以一定的间隔距离将金属套和铠装层进行短接，以降低绝缘护套承受的过电压，短接点须做好水处理。单芯海底电缆系统的登陆段陆上海底电缆单端接地运行时，应采用以聚乙烯为基料的绝缘型内护套（ST7 型）作为内护套，绝缘型护套料（ST7）的性能参数见表 2-6。

表 2-6　　　　　绝缘型护套料（ST7）的性能参数

序号	项目		单位	性能指标要求
1	熔体流动质量速率		g/10min	2.0
2	密度		g/cm^3	0.94~0.98
3	拉伸强度		MPa	≥17.0
4	断裂拉伸应变		%	≥600
5	低温冲击脆化温度		℃	-76，通过
6	耐环境应力开裂 F_0		h	≥500
7	200℃氧化诱导期		min	≥30
8	炭黑含量		%	2.60±0.25
9	炭黑分散度		级	≤3
10	维卡软化点		℃	≥110
11	空气烘箱热老化	拉伸强度	MPa	≥16.0
		断裂拉伸应变	%	≥500
12	介质损耗因数		—	≤0.005
13	体积电阻率		Ω·m	$1×10^{14}$

➢ 2.7　铠装与外被层 ◅

铠装是海底电缆至关重要的结构元件，必须承受海底电缆敷设和运行过程中较高的抗拉力和机械抗压力，为海底电缆提供机械保护和张力的稳定性，同时应有耐海水腐蚀的作用。

在电气方面，铠装与铅套短接后互联接地，可以起到短路泄流的作用，从而增大单相接地的短路容量，保障海底电缆长期运行过程中发生故障时的安全裕度，满足海底电缆寿命期间的安全运行。

对于不同的海底电缆工程，铠装的设计应根据海底电缆路由每个区域的张力稳定性、外部危害形式和保护要求，同时应考虑海底电缆施工过程中悬挂海底电缆的质量和敷设过程中船只产生的附加动态力。

2.7.1 铠装材料选型

海底电缆的铠装由金属线沿海底电缆内护层按一定的绞合节距绞合而成，绞合节距即铠装单线沿海底电缆旋转一周前进的距离，为铠装层下电缆直径的10~30倍。海底电缆的铠装丝有粗圆钢丝、双粗圆钢丝、粗圆铜丝、扁铜丝、扁钢丝、混合铠装等。粗圆钢丝铠装直径一般为4.0、5.0、6.0、8.0mm，扁铜丝或扁钢丝厚度一般为2.0、2.5、3.0mm，也可以采用其他直径和厚度。混合铠装一般为粗圆钢丝和高强度支撑填充条组成。

对三芯海底电缆，推荐采用粗圆钢丝、双粗圆钢丝铠装型式；对单芯海底电缆，推荐采用扁铜丝、粗圆铜丝铠装型式。海底电缆铠装结构型式见表2-7，海底电缆铠装结构如图2-14所示。双层反向绞合铠装结构比单铠装结构具有强大得多的抵抗外部破坏的能力。

表2-7 海底电缆铠装结构型式

水深	铠装结构	特性
<200m	礁石区海底电缆铠装	双层铠装，外层铠装采用短节距以提高抗冲击能力并具有较好的柔性，能按海底起伏情况敷设海底电缆
<500m	双层铠装	双层铠装，能保护海底电缆埋深较浅或不埋地
<1500m	单层铠装	有限埋深区域

三芯交流海底电缆中，三相导体产生的磁场在很大程度上可以相互抵消，从而将磁损耗减少至较低的水平。铠装采用低碳钢，为磁性材料。此应用在国内很多风电项目中已应用。

单芯交流海底电缆中，钢丝铠装中的损耗载流量会实质性降低，为减小这些损耗，铠装采用非磁性材料，如扁铜丝、圆铜丝、非磁性粗圆钢丝等。铜丝采用硬铜丝，硬铜丝的机械强度可以与钢丝相媲美，铜丝铠装可明显提升海底电缆的输送容量和短路电流。实际应用中，如舟山 500kV 联网输变电工程中应用。但是如果考虑成本因素等，可采用钢、铜丝混合铠装或铜丝、高强度支撑填充条混合。

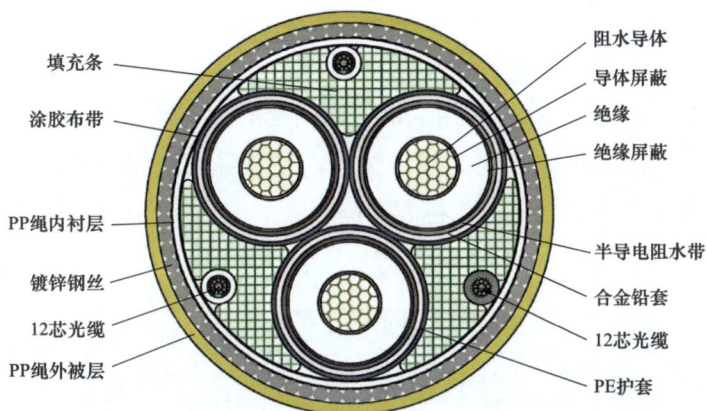

(a)

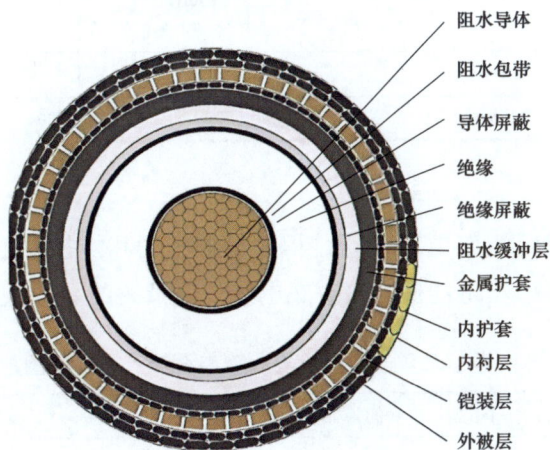

(b)

图 2-14 海底电缆铠装结构图

（a）三芯镀锌钢丝铠装型式；（b）单芯扁铜丝铠装型式

铠装材料选型时需重视海底电缆的腐蚀性环境。在广阔的海洋中，海水含盐量要占到海水质量的 33‰～39‰。所以钢丝铠装一般采用镀锌钢丝，镀锌层的厚度为 50um 或更大，对钢丝起主要的防腐保护作用。此外，还可采取的保护措施是在制造过程中涂覆沥青，在沥青层受损时，镀锌层接替起到防腐保护作用。

2.7.2　铠装结构设计

1. 材料性能

铠装材料要求其满足海底电缆运行过程中载流量要求，各金属铠装材料性能对比见表2-8。由表2-8可知，钢丝和铜丝的主要性能差异点在于磁导率和电阻率，铠装层中会形成较大的磁滞损耗，显著降低海底电缆的载流量，而铜丝铠装相对磁导率非常小，损耗将大大降低。

表2-8　　　　　　　　　各金属铠装材料性能对比

材料性能	单位	镀锌圆钢丝	无磁不锈钢丝	圆铜丝	扁铜丝
密度	kg/m³	7.80×10^3	7.80×10^3	8.89×10^3	8.89×10^3
材料规格（直径或厚度）	mm	4.0、5.0、6.0、7.0、8.0	4.0、5.0、6.0、7.0、8.0	4.0、5.0、6.0、7.0、8.0	2.0、2.5、3.0、3.5
相对磁导率	—	200～400	1.001～1.002（实测值）	0.999	
电阻率（20℃）	Ω•m	1.38×10^{-7}		1.75×10^{-7}	
抗拉强度	N/mm²	340～500			

2. 节距

铠装需满足海底电缆设计过程预设的张力和抗扭要求，所以需满足一定铠装节距。铠装单丝超过长度与海底电缆绞合节距的函数关系见表2-9。

表2-9　　　　铠装单丝超过长度与海底电缆绞合节距的函数关系

绞合节距对铠装层直径的倍数	铠装单丝长度与海底电缆长度的比例
10	1.048
15	1.022
17.5	1.017
20	1.012
25	1.008

3. 结构

对于定向钻区域、礁石区域、深水敷设的海底电缆，应设计双层反向绞合的铠装层。与单层铠装比较，双层铠装为抵御外力提供了更强的保护。当两层铠装的绞向不同时，能够阻止锚、埋设犁、岩石等带来的锐边刺入。

在需要防止岩石、坠落物和拖曳设备的外部伤害时，可以设计采用一种特殊铠装层组合，它包含小节距单线绞合的外层以及大节距绞合的内层。外层小节距的铠装层并不增加抗张强工，但会显著提高海底电缆的抗压性能。

对于那些没有抗拉强度要求高的区域，或者没有必要采用全层金属丝铠装进行附加防护的情况，可以用高强度支撑填充条替代部分钢丝，这就减小了海底电缆的质量和磁损耗并节省了成本。

2.7.3　外被层材料选型

防腐金属铠装层外绕包扭绞紧密的浸渍沥青 PP 绳，具有良好的耐磨性能，外层牢固包覆，保证海底电缆在运动和施工过程中不松动、不滑落。敷设施工过程中不可避免会使海底电缆擦伤，这种损伤会降低沥青和镀锌层的防腐作用，因此设置外被层以保护在装船、敷设和埋设过程中海底电缆铅装的防腐性能。

1. 材料选型及性能

海底电缆外被层一般由加捻 PP 绳加沥青组成，加捻 PP 绳性能见表 2-10。具有 PP 绳绕包层的海底电缆设计适用于海水透过铅套单线到达内层塑料护套的情况。PP 绳绕包层下狭小空隙中的水交换非常有限，减缓了腐蚀速率。PP 绳绕包层起抗摩擦的作用，而且认为其在牵引或敷设过程中的轻微破损不构成危害。对于卷绕进行储线或安装的海底电缆，外层 PP 绳的绞向应与铠装层相同，否则会因下层钢丝张开而受力破裂。

外被层一般都有标记，使水下机器人的摄像机能够看清海底电缆，并与海底的其他电缆区分开，挤包外被层可以纵向绕包不同的色带加以区分。对于 PP 绳外被层，通常将一些外层的线股替换成不同颜色的线，呈螺旋状。白色、黄色和橙色的带子与黑底色形成鲜明的对比，当在受限的通道内敷设多根海底电缆时，海底电缆不同的标记有助于作出区分。对于一对高压直流海底电缆，可以将其中的一根绕包一条色带，而另一根绕包两条色带来作识别。

海底电缆的外被层一般涂覆沥青，对下层的钢丝铠装起到防腐保护作用，沥青性能见表 2-11。但在电缆安装时，沥青会产生一些问题，例如：在炎热的季节，沥青会从电缆船上的电缆上渗出，黏附在电缆导轮和电缆敷设机上，形成难以去除的一层。在处理海底电缆端部、制备近海装置的终端（如近海风力发电机的电缆终端）时，脆性的沥青也会从海底电缆端部破裂、剥落。

表 2-10   加 捻 PP 绳 性 能

材料性能	单位	性能要求	
加捻直径	mm	2.0±0.2	3.0±0.3
颜色	—	黑色、黄色、红色、橙色	黑色、黄色、红色、橙色
拉断力	N	≥500	≥700
单位长度质量	g/m	2.4±0.4	3.5±0.4
伸长率	%	≤27	≤27

表 2-11   沥 青 性 能

材料性能	单位	性能要求
针入度（25℃，100g，5s）	1/10mm	10～25
针入度（46℃，100g，5s）	1/10mm	实测值
针入度（0℃，200g，5s）	1/10mm	≥3
延度（25℃，5cm/min）	cm	≥1.5
软化点（环球法）	℃	≥95.0
溶解度（三氯乙烯）	%	≥99.0
蒸发后质量变化（163℃，5h）	%	≤1.0
蒸发后25℃针入度比*	%	≤65
闪点（开口杯法）	℃	≥260

* 蒸发后针入度比的定义：测定蒸发损失后样品的 25℃针入度与原 25℃针入度之比乘以 100 后所得的百分比。

2. 结构

外被层一般采用两层浸渍沥青的 PP 绳，两层 PP 绳绕向相反，采用 Z 字形。PP 绳根数根据海底电缆前序外径，应保证排列紧密，缠绕均匀、平整、圆整。两层 PP 绳节距可以相同，一般为海底电缆前序外径的 2～2.5 倍，也可根据生产设备情况决定。最外层 PP 绳一般有 20 根不同颜色 PP 绳，20 根不同颜色 PP 绳分为两组，每组 PP 绳间隔 10 根黑色 PP 绳而成。

≫ 2.8 光 单 元 ≪

光纤复合海底电缆通常在海底电缆内护套和铠装层之间布置光单元，一方面可用于对海底电缆运行状态的监测，另一方面也可用于应急通信。其设计主要依据标准有 GB/T 18480《海底光缆规范》、GB/T 9771.1《通信用单模光纤　第1部分：非色散位移单模光纤特性　》、ITU－TG.652《单模光纤光缆特性》。三芯、单芯海底电缆光单元布置示意分别如图 2－15、图 2－16 所示。

图 2－15　三芯海底电缆光单元布置示意

图 2－16　单芯海底电缆光单元布置示意

2.8.1　光纤类型选择

光纤按照不同的特点可有各种不同的分类方式，如按光的模式可分为单模光纤、多模光纤，按折射率可分跳变式光纤和渐变式光纤。在海底电缆中复合的光纤通常以光的模式进行分类，根据 ITU 标准，将光纤分为七种，即 G.651，G.652，G.653，G.654，G.655，G.656，G.657，其中 G.651 为多模光纤，其他为单模光纤。光纤类型见表 2－12。

表 2－12　　　　　　　　　光　纤　类　型

光线类型	名称	特点	应用
G.651	多模渐变型折射率光纤	适用于波长为 850nm/1310nm	主要用于局域网,不适合长距离传输
G.652	色散非位移单模光纤	零色散波长约为 1310nm,也可在 1550nm 波长范围内使用	应用最广泛的光纤
G.653	色散位移光纤	1550nm 波长左右的色散最低,光损耗最低	适用于长距离单信通光通信系统
G.654	截止波长位移光纤	1550nm 衰耗系数最低,色散系数与 G.652 相同	主要应用于海底或地面长距离传输

续表

光线类型	名称	特点	应用
G.655	非零色散位移光纤	1550nm 的色散接近零	早期用于波分复用（WDM）和长距离光缆
G.656	低斜率非零色散位移光纤	衰减在 1460～1625nm 处较低	确保了密集波分复用（DWDM）系统中更大波长范围内的传输性能
G.657	耐弯光纤	弯曲损耗不敏感，弯曲半径最小可达 5～10mm	是光纤到户（FTTH）最常用的光缆

1. G.651 光纤（多模渐变型折射率光纤）

G.651 光纤是多模光纤。多模渐变型折射率光纤，适用于波长为 850nm/1310nm 的短距离传送。G.651 光纤主要应用于局域网，不适用于长距离传输，但在短距离 300～500 传输网，G.651 是成本较低的多模传输光纤，主要应用于 FTTH 网络中的多租户、住宅建筑物，以及企业网络中。G.651 光纤的弯曲半径是 G.652 光纤的一半（约为 15mm），优势主要在此体现，适用于室内敷设，一般应用于 FTTH 环境。

2. G.652 光纤（色散非位移单模光纤）

常规的单模光纤也是应用最广泛的光纤，是当今世界上用量最大（约占用纤量的 70%）的光纤。截止波长最短，既可用于 1550nm，又可用于 1310nm，但最佳工作波长在 1310nm 区域。G.652 光纤的特点是波长在 1310nm 附近时的色散为零，衰减为 0.3～0.4dB/km，色散系数为 0～3.5ps/（km·nm）；波长在 1550nm 时损耗最小，衰减为 0.19～0.25dB/km，色散系数为 15～18ps/(km·nm)，但在 1550nm 波段色散系数大，为 17ps/（km·nm），不适用于 2.5 Gbit/s 以上的长距离应用。

G.652 光纤又可分为 G.652A、G.652B、G.652C、G.652D，主要区别在于偏振模色散（PMD）。G.652A、G.652B 是基本的单模光纤，G.652C、G.652D 是低水峰单模光纤。其中 G.652D 最常用，由于其在 1300nm 工作波长时，光纤色散很小，系统的传输距离只受损耗限制。

G.652 光纤区别见表 2-13，这四种类型的具体区别如下：

（1）G.652A 光纤在 10Gbit/s 系统中支持 400km 的传输距离，在 10Gbit/s 以太网系统中支持 40km 的传输距离，在 40Gbit/s 系统中支持 2km 的传输距离。可用在 D、E、S、C 和 L5 个波段，其可以在 1260～1625nm 整个工作波长范围工作。具有更好的弯曲性能，几何尺寸技术要求更精确。

（2）G.652B 光纤在 10Gbit/s 系统中支持 3000km 的传输距离，在 40Gbit/s 系统中支持 80km 的传输距离。

（3）G.652C 光纤的属性和应用范围与 G.652A 光纤相似。但是，G.652C 光纤在 1550nm 波长处的衰减较小，可用于 1360～1530nm 范围内的扩展频带（E 波段）和短频带（S 波段），除了可以使用在 1310nm 和 1550nm 波长区域外，运用波长区域还扩展到 1360～1530nm。

（4）G.652D 光纤融合了 G.652B 和 G.652C 光纤的优点。G.652C 与 G.652A 相似，并且在 1550 nm 波长下具有更好的性能。因此，G.652D 几乎涵盖了 G.652A、G.652B、G.652C。当前，当谈到 G.652 光纤时，大多数时候是指 G.652D。G.652D 光纤广泛用于许多应用中。

表 2–13　　　　　　　　　　　　G.652 光纤区别

光纤类型	衰减	PMD 偏振模色散 ［ps/（km·nm）］	弯曲损耗
G.652A	≤0.5/0.4dB @1310/1550nm	≤0.5	≤0.5dB @1550nm
G.652B	≤0.4/0.35/0.4dB @1310/1550/1625nm	≤0.2	≤0.5dB @1625nm
G.652C	≤0.4dB from 1310 to 1625nm ≤0.3dB @1550nm&1383nm	≤0.5	≤0.5dB @1625nm
G.652D	≤0.4dB from 1310 to 1625nm ≤0.3dB @1550nm&1383nm	≤0.2	≤0.5dB @1625nm

3. G.653 光纤（色散位移光纤）

在 1550nm 波长左右的色散降至最低，从而使光损耗降至最低，非常适合长距离单信道光通信系统。现在，G.653 光纤几乎不再部署，并已被 G.655 光纤取代以用于 WDM 应用，原因是 G.653 光纤中分配在 1550nm 附近的信道受到由噪声引起的非线性效应所引起的噪声的严重影响。

4. G.654 光纤（截止波长位移光纤）

1550nm 衰耗系数最低（比 G.652、G.653、G.655 光纤约低 15%），因此称为低衰耗光纤，色散系数与 G.652 相同，是实际使用中最少的一种光纤。G.654 光纤主要应用于海底或地面长距离传输，比如 400km 无转发器的路线。它包括五种类型，分别是 G.654.A、G.654.B、G.654.C、G.654.D 和 G.654。G.654.A、G.654.B、G.654.C 和 G.654.D 光纤适用于扩展的长距离海底应用，G654.E 光纤是专为高速长距离地面光网络设计的。

5. G.655 光纤（非零色散位移光纤）

主要特点是 1550nm 的色散接近零，但不是零，是一种改进的色散位移光纤，以抑制四波混频。G.655 光纤早期用于 WDM 和长距离光缆，目前更多的被 G652.D 光纤所取代。

6. G.656 光纤（低斜率非零色散位移光纤）

G.656 光纤是非零色散位移光纤的一种，对于色散的速度有严格的要求，确保了 DWDM 系统中更大波长范围内的传输性能。G.655 光纤的衰减在 1460～1625nm 处较低，但是当波长小于 1530nm 时，对于 WDM 系统来说色散太低。因此，G.656 光纤不适用于 1460～1530nm 的应用。

7. G.657 光纤（耐弯光纤）

G.657 光纤是弯曲损耗不敏感光纤，弯曲半径最小可达 5～10mm，是 FTTH 最常用的光缆。由于性能更好而被广泛应用，但成本比 G.652D 较高一些。ITU－T 标准将 G.657 分为 A、B 两个子类，子类里面又分为 A1、A2、B2、B3 四小类。A 类可用波长为 O、E、S、C、L 波段，B 类可用波长 O、C、L 波段。

总体而言，多模光纤纤芯较粗（50μm 或 62.5μm），可传多种模式的光，但其模间色散较大，限制了传输数字信号的频率，而且随距离的增加会更加严重。因此，多模光纤传输的距离就比较近，一般只有几千米。多模光纤的纤芯直径为 50μm 或 62.5μm，包层外径 125μm，表示为 50μm/125μm 或 62.5μm/125μm。

单模光纤中心纤芯很细（芯径一般为 9μm 或 10μm），只能传一种模式的光。因此，其模间色散很小，适用于远程通信，但还存在着材料色散和波导色散，这样单模光纤对光源的谱宽和稳定性有较高的要求，即谱宽要窄，稳定性要好。单模光纤的纤芯直径为 8.3μm，包层外径 125μm，表示为 8.3μm/125μm。单模光纤的远程通信性能符合海底电缆大长度的要求，在 1310nm 波长处，单模光纤的总色散为零。从光纤的损耗特性来看，1310nm 正好是光纤的一个低损耗窗口。这样，1310nm 波长区就成了光纤通信的一个很理想的工作窗口，也是现在使用光纤通信系统的主要工作波段。

2.8.2　光纤防护技术设计

1. 设计要点

海底电缆复合光缆是将光纤单元直接集成于电力电缆内部的一种特殊结

构，结合了电力传输和数据通信双重功能。由于其特殊的海底工作环境，复合光缆的防护设计至关重要，以确保其长期稳定运行并抵御海洋环境的严苛挑战。为全方位保障光缆在复杂海洋环境中长期稳定、安全运行，下面介绍海底电缆复合光缆防护结构设计的关键要点。

（1）缓冲层。每根光纤会被单独包裹在一种柔韧的缓冲材料中，如松套管或紧套管，以防止微弯损耗和机械应力对光纤造成的损害。

（2）隔离与加固。光纤单元之间会通过阻水材料或非金属材料进行隔离，以防止水分渗透并对光纤造成影响。同时，光纤单元可能会被放入螺旋形或层绞式铠装结构中，增加整体的机械强度和抗拉伸能力。

（3）密封与阻水技术。为了保证在深海高压下的防水性能，光纤单元内部和外部都会采用先进的阻水材料和工艺，如干式阻水技术、湿式阻水技术或硅胶填充技术，确保即使电缆破损，水分也不会进入光纤区域。

（4）外护套。光电复合海底电缆的最外层通常使用高性能的耐腐蚀、耐磨、耐候以及抗紫外线（UV）辐射的聚乙烯（PE）或聚丙烯（PP）等材料作为外护套，以保护内部的光纤和电力导体免受海洋环境的影响。

总的来说，光电复合海底电缆的设计不仅要考虑光纤本身的质量和性能，还要充分考虑海底严酷环境下的机械应力、压力变化、温度变化以及生物侵蚀等因素，从而制定出周全的防护措施和设计方案。

2. 设计要求

（1）光单元结构。光纤复合海底电缆一般采用中心束管式不锈钢管光纤单元，不锈钢管光纤单元具有较大的抗拉强度、抗侧压能力，尺寸较小，而且可以设计较大的光纤余长。光纤的余长与复合电缆的抗拉特性和温度特性关系密切，光纤余长的设计原则是使得拉力和温度变化不会对光纤产生应力，在光纤余长的规定范围内，拉力和温度变化不会造成光纤的附加损耗。当光纤达到规定的余长幅度时，光纤将接触到不锈钢管的内壁；当光单元再受到进一步的拉伸或收缩，则会对光纤产生应力，使光纤的损耗开始增加。因此，制造时光单元中光纤的余长应严格控制在设计要求范围内，此次设计光纤余长为3‰～5‰。为了保证不锈钢管光纤单元与其他金属材料形成隔绝，还要在不锈钢管外挤制一定厚度的聚乙烯护套，光单元结构如图2-17所示。

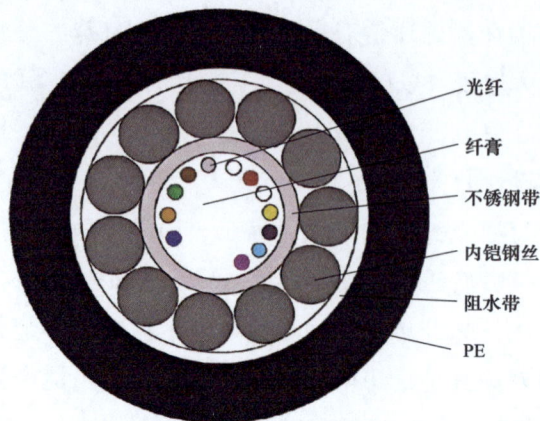

图 2-17 光单元结构

（2）结构尺寸。光纤复合海底电缆专用光纤单元与一般光缆所用光纤不同，需要高强度、大长度、低损耗光纤。在设定多用光纤筛选水平时，首先考虑的因素是敷设时的伸长性能，尽量提高光纤单元抗拉性能，因此海底电缆中的光单元宜选用能承受较高强度、较大筛选应变的光纤。光单元中的光纤余长的设计在一定程度上决定了光纤复合海底电缆的拉伸性能，在设计时考虑到光纤复合海底电缆的使用环境及敷设要求，以及不同电压等级、截面产品的情况，根据光纤复合海底电缆可能的最大应变设计合适的光纤余长，确保光纤复合海底电缆在受到最大应变时光纤不受力，不影响光通信传输性能。

（3）技术参数。光纤复合海底电缆中应用的光纤单元，通常需要特殊考虑光纤单元的力学性能，光纤单元保护管一般采用不锈钢管作为保护材料，不锈钢管厚度为 0.2mm 或 0.3mm。利用激光焊接设备将不锈钢带焊接成内有光纤的不锈钢管，在线配有余长控制、张力控制及检测等设备，以保证光纤的衰减性能和不锈钢管的质量。在不锈钢管中填充阻水膏可以有效保护光纤，光纤对水和潮气产生的 OH^- 极为敏感，水分与钢管金属材料之间的化学反应所产生的氢会引起光纤的氢损，导致光纤的传输损耗增大，严重影响复合缆中光单元的使用质量和使用寿命，阻水膏可以使光纤免受受潮气和水分进入，并使得光单元在海底电缆短路时能承受较高的热效应温度，使光纤的传输性能等不受影响。同时，由于阻水膏具有良好的触变性，当光纤单元受到弯曲、震动等外力作用时，阻水膏在外力作用下硬度迅速下降，膏体软化，缓冲应力，对光纤起到保护作用。光纤典型技术参数见表 2-14。

表 2-14　　　　　　　　光 纤 典 型 技 术 参 数

项目		单位	标称值
技术参数	最小断裂负荷（UTS）	kN	13
	瞬时拉力标称负荷（NTTS）	kN	9
	正常操作标称负荷（NOTS）	kN	4
	永久拉伸标称负荷（NPTS）	kN	2
	最小弯曲半径	M	0.5
	允许拉伸力	N	长期 600，短期 1500
	允许侧压力	N/10cm	长期 300，短期 1000
	工作温度	℃	−10～+40
	操作温度	℃	−15～+45
	存储温度	℃	−30～+60

　　（4）光纤复合位置的选择。光纤单元复合位置在多芯和单芯光电复合海底电缆中有所不同。多芯海底电缆把光纤单元放置在海底电缆的缆芯空隙中，光纤周围采用特定形状的光缆专用填充条进行防护；单芯海底电缆的光纤单元放置难度较高，放置在内垫层中，并在光单元两侧各放置一根高强度金属丝，以承担压力或拉力等应力，保护光纤单元。

3

海底电缆附件选型设计

　　海底电缆附件主要可分为接头、终端和附属设备，其中附属设备主要包括接地箱、弯曲限制/保护装置、锚固装置、J 型管等。

　　海底电缆接头用于电缆之间的连接，集导体连接、电应力控制、绝缘恢复、屏蔽恢复、密封于一体。接头可分为工厂接头、修理接头和用于海底电缆与陆缆连接的过渡接头。

　　海底电缆终端位于电缆末端，用于电缆与其他设备连接，集导体连接、电应力控制、绝缘恢复、屏蔽恢复、密封于一体。按其连接设备的不同，终端可分为户外终端、GIS 终端和油浸终端。

　　本章将主要以交联聚乙烯（XLPE）绝缘海底电缆为典型，介绍交联聚乙烯绝缘海底电缆工厂接头、修理接头、海底电缆与陆上电缆的过渡接头、终端（户外终端和 GIS 终端）结构设计、材料选型、电气设计、安装与试验验证，同时对常用附属设备进行简要介绍。

≫ 3.1　工　厂　接　头 ≪

　　工厂接头又称为软接头，是指在工厂内采用与海底电缆本体相同的材料和结构来连接电缆的接头。工厂接头一般在海底电缆铠装工序中用于连接两段海底电缆线芯，工厂接头完成制作后，海底电缆线芯与工厂接头一起进行连续铠装。在海底电缆成品上，安装有工厂接头的海底电缆与其余海底电缆本体性能基本相同，无须在敷设过程中进行特殊考虑。

3.1.1 结构设计与工艺

1. 结构

1986 年，国际大电网会议（CIGRE）研究海底电力电缆的可靠性指出，接头故障占 18%，电缆故障占 82%，因此，提高海底电缆工厂制造长度、降低现场接头数量是提高海底电缆可靠性的关键，也因此连续大长度制造是海底电缆的基本要求之一。当制造设备的限制单根长度满足不了工程要求时，需在制造厂内制作工厂接头，在工厂内将海底电缆连接到所需要的连续供货长度。典型 XLPE 绝缘工厂接头结构示意如图 3-1 所示。

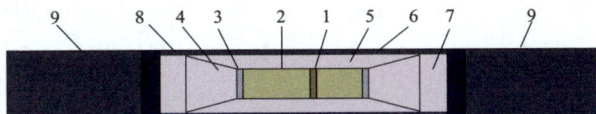

图 3-1 典型 XLPE 绝缘工厂接头结构示意
1—导体焊接段；2—导体屏蔽恢复层；3—导体屏蔽预留层；4—新旧绝缘界面；5—绝缘恢复层；
6—绝缘屏蔽恢复层；7—绝缘屏蔽预留层；8—铅套、护套恢复层；9—电缆本体

工厂接头的外径尺寸与海底电缆线芯本体相同或略大，和海底电缆线芯一样能承受拉伸、扭转和弯曲等产生的机械应力作用，因此工厂接头在结构和性能上与常规陆上电缆中间接头有很大差异，而与电缆本体结构相近。接头导体连接部分采用焊接连接，直径与海底电缆线芯本体导体直径相近。导体屏蔽与电缆本体导体屏蔽结合紧密，光滑过渡。增强绝缘层要求与原有绝缘结合紧密，内部无气泡，界面必须无微孔、气隙、开裂或杂质，同时绝缘偏心度与原有电缆线芯偏心度相似，恢复的绝缘屏蔽与绝缘界面应光滑、平整，与绝缘层贴合紧密。

在电气性能方面，工厂接头导体单位长度直流电阻应不超过海底电缆本体，导体屏蔽和绝缘屏蔽电阻也应与海底电缆本体相同。按导体屏蔽标称直径计算的标称电场强度和雷电冲击电场强度，与通过试验的海底电缆系统相应的计算电场强度相差不超过 10%。

工厂接头的关键技术主要包括导体连接、绝缘恢复和金属层恢复三个方面。

（1）导体连接。工厂接头的导体连接要求与电缆绞合导体等直径，轴向尺寸变化小。海底电缆在生产流转和敷设时，由于自重和输运机械作用，电缆会

受到显著的机械应力。在机械性能方面，工厂接头需要与海底电缆本体一样承受生产、倒缆和施工敷设过程中的各种机械应力。依据海底电缆相关标准，对于铜导体截面积 800mm² 以上的海底电缆，其工厂接头导体连接抗拉强度一般不小于 170MPa；对于铜导体截面积 800mm² 及以下的海底电缆，其工厂接头导体连接抗拉强度一般不小于 180MPa。导体有不同的连接方式，一般采用钨电极惰性气体保护焊接（TIG）、惰性气体保护焊接（MIG）等方法。

此外，为了保证导体连接的载流能力，另一个重要质量指标是过渡电阻小且稳定，达到导体本身的水平。

（2）绝缘恢复。需要结合绝缘材料和屏蔽材料特性，确定绝缘恢复工艺，并确保恢复工艺的稳定性、一致性。绝缘恢复的关键影响因素之一是绝缘受潮或污染，因为水分和外部杂质会影响绝缘性能。恢复后绝缘的电气强度与绝缘受潮有密切关系，只有采取措施控制绝缘恢复过程的水分，才能使恢复绝缘的电气强度达到电缆本体的相近水平，需要通过绝缘工艺、环境湿度和洁净度控制来实现。绝缘恢复方式有以下几种：

1）绕包式。交联聚乙烯的工厂接头绝缘采用与电缆相同的材料制成带材，绕包在两段线芯间的间隙内。接头绝缘采用 XLPE 带材，在加热和压力下固化，使聚合物带材融合在一起，成为无孔隙的均质连续的材料。该方法简单，不需要专业模具，但是对于带材的加工、现场环境控制、绕包水平等要求很高。

2）挤塑式。根据工厂接头的结构图纸，设计相匹配的模具，采用挤出机将 XLPE 挤入模具中，同时加热交联成型。

3）注塑式。根据工厂接头的结构图纸，设计相匹配的模具，采用注塑机将 XLPE 挤入模具中，同时加热交联成型。

（3）金属层恢复。工厂接头还包含接头绝缘上的铅套，绝缘线芯外连续挤铅形成的金属套，或采用铅合金管焊接在电缆铅套上。铅套外径一般不超过海底电缆本体铅套外径的 1.1 倍。首先，用较宽的铅管形成铅套，在导体连接前滑进工厂接头的一边，工厂接头绝缘制作完成后，铅管就推向工厂接头上。然后，将铅管冷拔、收紧、适配于接头绝缘上，再将铅套边缘修齐，然后与电缆铅套相钎焊；对浸渍纸绝缘电缆，铅套下绝缘可以重新进行工艺处理，成为充分浸渍的油浸纸绝缘。最后，将用作保护的聚合物收缩管包覆在铅套上或其他外保护层上，此工厂接头就成为电力电缆绝缘芯的整体一部分，可以准备进行生产线的下道工序，如进行装铠。工厂接头尺寸稍超过电缆并不妨碍后续工序的进行，为了便于对工厂接头的后续管理和维护，生产时需要用标识指示出工厂接头的位置，便于在成品海底电缆上辨认接头部位。

2. 设计

为满足工厂接头性能要求，其结构设计主要考虑以下几方面：一是导体连接方式的结构设计，保证导体具有良好的机械和导电性能；二是绝缘修复的结构设计应防止电场强度过于集中，并保证绝缘内部电场强度不大于海底电缆本体绝缘内部电场强度，对电场强度分布要考虑接头薄弱点，如恢复绝缘与本体绝缘的界面，在薄弱点附近电场强度不能过高；三是应综合考虑制造可行性来确定各层结构尺寸，以满足后续制造工艺要求。

挤包绝缘海底电缆的绝缘为挤出成型，挤出绝缘均匀，轴向和纵向承受电场能力基本一致，所以在设计新旧绝缘交界面形状和尺寸时，不是以控制轴向电场强度为出发点，而是要控制承受电场强度能力最差的恢复绝缘与本体绝缘之间交界面的电场。工厂接头绝缘界面结构示意如图 3-2 所示。

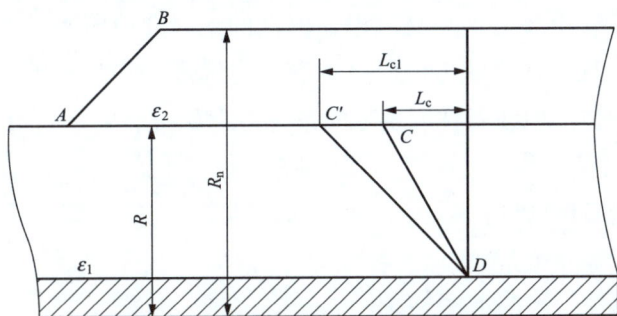

图 3-2　工厂接头绝缘界面结构示意

对于交流海底电缆理论新旧绝缘交界面曲线 L_c 为

$$\begin{cases} L_c = \dfrac{1}{m}\left[p - q\ln\dfrac{r(1+p)}{R(1+q)} \right] \\[2mm] p = \sqrt{1 - m^2 R^2} \\[2mm] q = \sqrt{1 - m^2 r^2} \\[2mm] m = \dfrac{E_1}{U}\left[\ln\left(\dfrac{R_n}{r}\right) + (a-1) \right]\ln\dfrac{R_n}{R} \\[2mm] a = \dfrac{\varepsilon_1}{\varepsilon_2} \end{cases} \qquad (3-1)$$

式中　U——海底电缆接头承受的电压，kV；

E_1——新旧绝缘交界面上任意一点切向电场强度，kV/mm；

R——海底电缆本体绝缘外半径，mm；

R_n——海底电缆恢复绝缘外半径，mm；

R——导体屏蔽外半径，mm；

ε_1——海底电缆本体绝缘相对介电常数；

ε_2——海底电缆恢复绝缘相对介电常数。

由于新旧绝缘交界面为曲线，现场很难操作，为方便起见，将曲面进行直线化处理，处理为直线的交界面长度 L_{c1} 为

$$L_{c1} = (R-r)\frac{q}{mr} \tag{3-2}$$

又由于恢复绝缘与本体绝缘使用相同的绝缘材料，故 $\varepsilon_1 = \varepsilon_2$，即 $a=1$，则 $m = \dfrac{E_1}{U}\ln\dfrac{R_n}{r}$。

对于直流海底电缆附件与交流电缆附件的绝缘介质所参考的基本方程在结构上是相似的，这使得直流电缆附件与交流电缆附件在设计上以及结构上具有一定的相似性，交流电缆附件所遵循的条件方程如下

$$D = \varepsilon E \tag{3-3}$$

式中　D——电通量密度；

ε——绝缘介电常数；

E——绝缘层中的电场。

而直流电缆附件需要满足的条件方程如下

$$J = \gamma E \tag{3-4}$$

式中　J——电流密度；

γ——绝缘电导率，电导率随着温度和电场的变化而改变。

根据麦克斯韦方程组理论可以得知 $\partial D/\partial t$（表示电位移矢量随时间的变化率）具有电流密度的量纲，被称为位移电流密度。在施加电场为交流情况下，电通量密度 D 随着时间的变化而发生变化，所以电场强度也随着时间的变化而发生改变，交流和直流电缆附件所遵循的条件方程在形式和量纲上相似，从而表明两者在结构和设计原理上具有相似性。

在交流电场下，绝缘介质中的电场呈容性分布，其主要取决于介电常数，

而介电常数受温度、电场、频率的影响很小，因此当温度变化时绝缘介质的电场分布几乎不变。然而在直流电场下，绝缘介质中的电场是呈阻性分布的，其取决于电导率，而电导率随温度、电场的变化非常明显，当温度变化很大时，绝缘介质中的电场分布将显著变化。在常温、直流电压下，交联聚乙烯绝缘电缆绝缘内电场强度分布为靠线芯位置电场强度高、靠绝缘屏蔽位置电场强度低；在高温、直流电压下，交联聚乙烯绝缘电缆绝缘内电场强度出现与常温相反的分布，即靠线芯位置电场强度低，靠绝缘屏蔽位置电场强度高。

早期的工厂接头设计采用式（3-1）和式（3-2）来完成，随着仿真技术的发展，应用仿真软件对工厂接头绝缘结构进行电场仿真分析，可以得到更加准确和理想的结果，因此现在的工厂接头设计主要采用仿真方法完成。采用电场数值计算法计算电缆附件在不同的结构尺寸的电场分布及电场强度最大值，从而设计电场分布的最优化方案。有限元分析法分析电场分布有建模、求解和结果分析三个步骤，下面以 COMSOL 软件为例来阐述。

（1）建模。前期建模主要有两种方法：一是利用 COMSOL 软件直接建模，建模与分析一体化，分析精度相对较高，但建模速度和易用性不理想；二是由于产品设计均采用 CAD 软件设计，可以借助设计时在 AutoCAD、中望 CAD、PROE、SolidWorks 等 CAD 软件中建立的模型，然后将模型导入 COMSOL 中，完成建模，提高建模效率。仿真时为了提高速度和效率，可以将地电位以外的结构省略对模型进行简化，提高计算效率。

在建模时需对模型进行比较详尽的规划，以便模型能满足后续生成映射网格的规则要求。网格划分控制分为智能控制和手动设定两种方式，采用自由网格划分时推荐选用智能控制，可根据需要选择相应的精度等级，网格划分越细，计算量越大，计算也会更精确。工厂接头仿真模型如图 3-3 所示。

（2）求解。对于电场分析，一般只需定义电气参数，根据材料性质和电缆附件适用的电

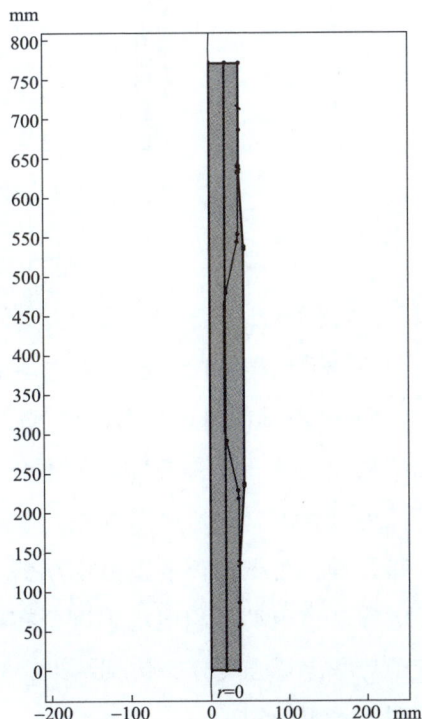

图 3-3　工厂接头仿真模型

网情况，输入对应的材料电气参数，其参数根据需要可以设置为恒定或随温度变化。选择正确的边界对象添加对应的电压值，例如线芯为高电压，接地处为地电压（见图3-4）。整个求解过程主要由系统完成。

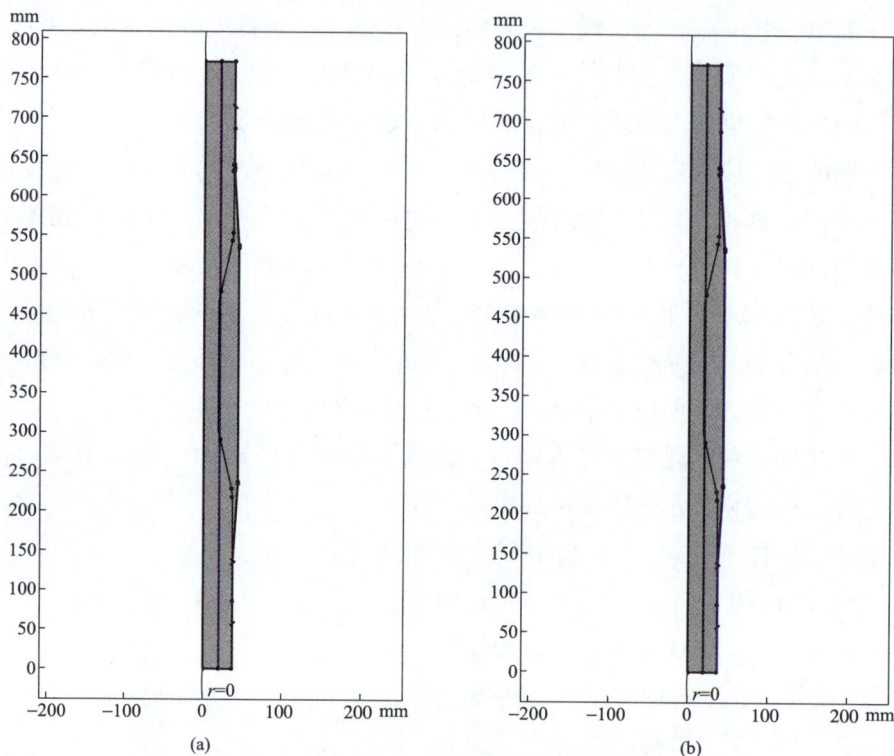

图3-4 接头边界条件设置
（a）高电压；（b）地电压

（3）结果分析。在结果选项中可以查看计算结果，也可以单独查看沿轴向、径向和 Z 轴的电场分布，也可以查看各点的参数值。根据计算结果查看设计的结构电场分布是否合理，若不合理可通过调整关键部位如应力锥的曲线形状、应力锥长度、高压屏蔽曲线形状、增强绝缘厚度来改变内部电场分布，直至分布合理。可根据需要查看电动势分布、电场强度分布。某交流工厂接头及海底电缆本体电动势和电场强度分布仿真结果、某直流工厂接头及海底电缆本体电动势和电场强度分布仿真结果、海底电缆绝缘内电场强度反转情况如图 3-5～图 3-7 所示。

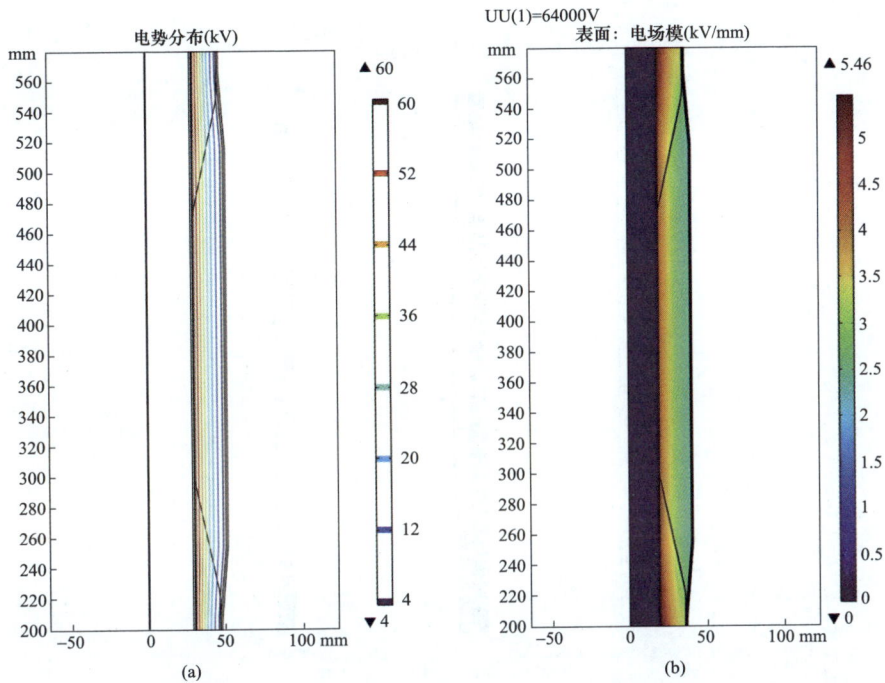

图 3-5 某交流工厂接头及海底电缆本体电动势和电场强度分布仿真结果

（a）电动势分布；（b）电场强度分布

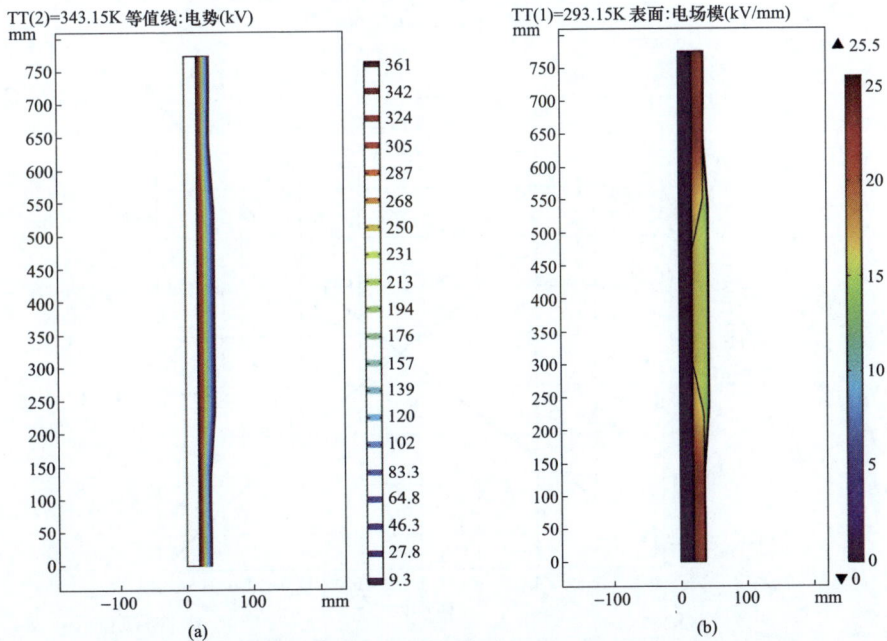

图 3-6 某直流工厂接头及海底电缆本体电动势和电场强度分布仿真结果（一）

（a）电动势分布；（b）常温电场强度分布

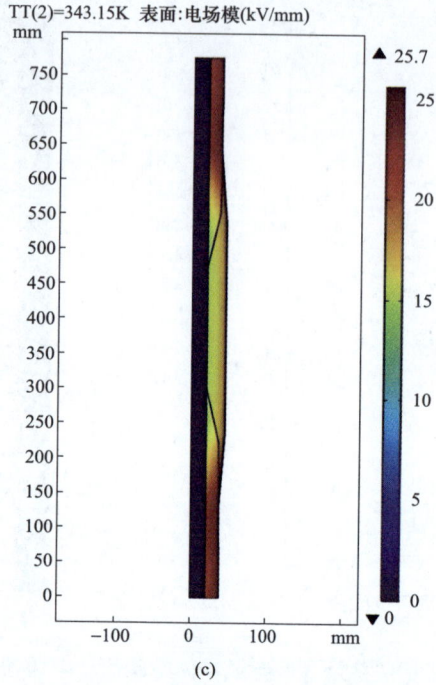

图 3-6　某直流工厂接头及海底电缆本体电动势和电场强度分布仿真结果（二）

（c）高温电场强度分布

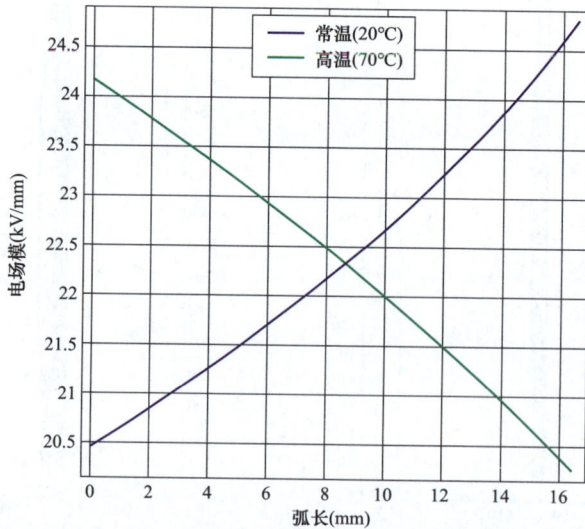

图 3-7　电缆绝缘内电场强度反转情况

3. 制造工艺

不同制造工艺的工厂接头，其电缆处理工艺相同，只是在绝缘和屏蔽的加工方式存在差异，本节以挤塑式工厂接头加工工艺为例进行介绍。

工厂接头制造包含多个复杂工序，工艺参数繁多，部分工序对环境控制要求严格。工艺过程采用专用工器具。为了保证工厂接头的性能，在每个工序完成后都要依据规范进行检验。工厂接头制造工艺流程如图3-8所示。

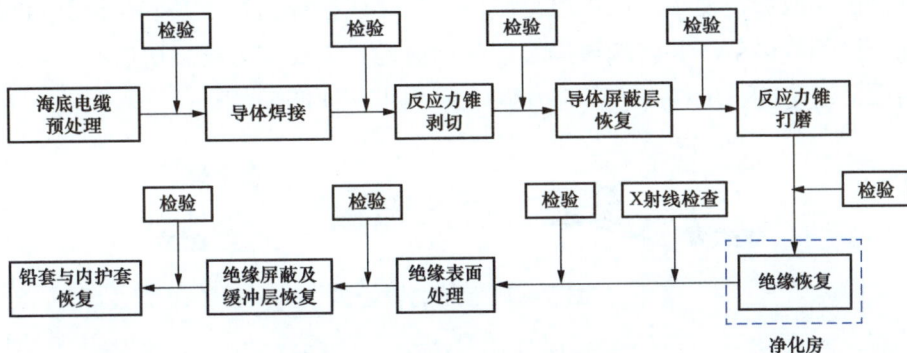

图3-8 工厂接头制造工艺流程

工厂接头关键工艺步骤如下：

（1）海底电缆预处理。海底电缆预处理主要包括对海底电缆端部剥除适当长度的内护套、铅套，以及加热矫直等工作。在工厂接头制作前，需要对海底电缆的端部进行加热矫直，一方面有助于工厂接头制作时绝缘偏心度的控制，另一方面也有助于消除海底电缆制造过程中残余的热应力。如果海底电缆弯曲变形较大，可先用矫直装置进行初步矫直，然后再进行加热矫直。导体开剥使用专用的绝缘剥除工具剥除一定长度的绝缘和屏蔽，露出一段规定长度的导体。

（2）导体焊接。为保证工厂接头导体连接后的强度满足使用要求，需要充分考虑导体的连接方式，目前一般采用焊接工艺实现导体连接，焊接方式采用错位分层焊接。逐层焊接后焊接强度和弯曲性能较好，外径变化较小。焊接冷却后应打磨平整，清除表面毛刺、焊渣等杂质。

为了避免焊接时高温损伤绝缘，要用冷却装置来保护两侧绝缘。在导体焊接完成后需进行X射线检查，检测是否有漏焊、气孔或者夹渣等缺陷。

（3）反应力锥剥切。反应力锥俗称铅笔头，作用是增加本体绝缘与恢复绝缘的接触面积，增大两者的结合力；本体绝缘与恢复绝缘界面的耐电场强度能力最弱，通过增大锥面长度，大幅减小沿着锥面的切向电场强度，可显著降低沿锥面击穿的可能性。但锥面长度设计需要考虑加工设备的限制，锥面长度过长也会增加出现缺陷的概率，因此需要平衡考虑各方面因素确定锥面长度。

绝缘剥削时，预留一段本体导体屏蔽层，用于与恢复导体屏蔽之间的过渡。预留的本体导体屏蔽层端部削成锥形，提高恢复导体屏蔽之间的黏结力。反应力锥剥削完成后，使用海底电缆绝缘层削尖器或绝缘剥切工具，在接头两端各剥除一段绝缘屏蔽，并将绝缘屏蔽端部削成锥形。反应力锥剥切后存在台阶状的刀印，需要进一步打磨，反应力锥处理如图 3-9 所示。

图 3-9　反应力锥处理

（4）导体屏蔽层恢复。导体屏蔽的恢复一般采用绕包后模压型式。由于屏蔽层厚度只有 1～2mm，采用绕包方式能够保证屏蔽层恢复的厚度均匀、偏心度小。包带由本体相同牌号的半导电材料制成，采用压延工艺，具有薄厚均匀、平整度良好、拉伸强度高的优点。包带制作过程中严格控制温度，防止预交联。

绕包时注意衔接好预留的本体导体屏蔽接口，使用一定强度的均匀张力重叠绕包，绕包后包带应紧密包覆导体表面，无松散或翘起，包带搭接宽度保持一致。绕包完成后，在绕包区安装哈夫型的压模，压模的内径与本体导体屏蔽外径相匹配。压模含加热模块，模具紧贴并按设定程序加热。保温结束后，冷却至室温，取下压模，检查导体屏蔽表面应无气泡、杂质等缺陷。去除多余的飞边，并进行精细打磨，直至导体屏蔽表面光滑，并与本体导体屏蔽表面平齐，打磨后导体屏蔽层如图 3-10 所示。为检验导体屏蔽表面光滑程度，可采用粗糙度检测仪进行检测。

图 3-10　打磨后导体屏蔽层

（5）反应力锥打磨。导体屏蔽恢复完成后，需对绝缘的表面包括反应力锥进行精削打磨。先用粗砂纸打磨，直至绝缘表面平滑，然后再用细砂纸进行打磨。要特别注意的是，绝缘和内屏蔽的过渡段一定要光滑过渡。打磨完成后使用无水酒精或专用的绝缘清洁纸擦拭绝缘及导体屏蔽表面，然后采取保护措施，如使用保鲜膜进行隔离，对已打磨表面进行保护。完成后，将接头区域置于移动净化房内。

（6）绝缘恢复。绝缘恢复通过专用挤出机将与电缆本体相同牌号的绝缘料挤入特制挤塑模具中，然后经过加温加压使恢复绝缘与本体绝缘间紧密融合。该工序是工厂接头制作过程中对环境净化要求最高的工序，为防止灰尘等杂质进入到绝缘中，需要在移动净化房中进行。工厂接头挤塑设备如图 3-11 所示。

图 3-11 工厂接头挤塑设备

挤塑模具设计包括流道设计、出气孔设计、温控设计、密封设计等。模具设计决定了挤塑成品的好坏，其可有效避免气泡、绝缘收缩、熔体压力不稳定等异常。可通过基于有限元计算的流体动力学仿真验证模具设计的合理性。绝缘恢复挤塑工序操作步骤包括：

1）接头表面清洁。在环境净化等级达到要求后，对接头表面所有位置进行进一步清洁。清洁完成后，可使用高倍电子显微镜检查接头表面，清理观察到的杂质。

2）模具预热。模具需进行预热，可防止导体过冷导致注入绝缘收缩，也可使恢复绝缘与电缆本体绝缘更好黏结。

3）绝缘注入。开启挤出机，预热完成后，将螺杆中的洗机料排出。连接模具与挤出机口，将绝缘料注入模具中。

4）模具保温保压。待模腔内熔体压力达到规定压力时，停止绝缘料注入，按规定时间进行保温保压。

5）模具冷却。保温保压结束后，关闭电源使模具缓慢降温，直至模腔温度达到室温。

6）绝缘检查。绝缘表面应光滑平整，无凹陷、空洞等缺陷。可用强光照射检查绝缘内部，无肉眼可见杂质或气泡。

绝缘挤塑成型如图 3-12 所示。

图 3-12　绝缘挤塑成型

（7）X 射线检查。绝缘交联完成后，需要通过检查确认恢复绝缘是否有偏心、杂质、气孔等缺陷。由于无法进行破坏性的检测，可选择 X 射线检查接头内部情况。X 射线检查样片如图 3-13 所示。

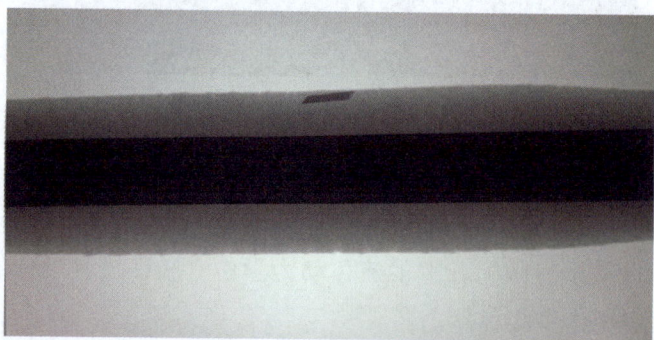

图 3-13　X 射线检查样片

（8）绝缘表面处理。绝缘交联完成后，需要将多余的绝缘去除，并对外表面进行打磨，绝缘表面处理示意如图 3－14 所示。切削和打磨时需保证绝缘同心度。先使用粗砂纸进行打磨，然后使用细砂纸进行打磨，直至绝缘表面光滑平整。也可采用手工打磨和电动打磨方式。

图 3－14　绝缘表面处理示意

（9）绝缘屏蔽及缓冲层恢复。绝缘屏蔽恢复一般采用绕包模压恢复。包带由与本体相同牌号的半导电材料制成，采用与导体屏蔽包带相同的工艺制成。通过特制的加热装置进行加温加压，在绝缘屏蔽与绝缘融合的同时，完成屏蔽硫化。绝缘屏蔽表面应无鼓包、气泡等缺陷。经验表明，绝缘屏蔽应力锥部位的界面是接头电气性能的薄弱点，需要关注工艺结合，避免此处出现突起或杂质，引起电场畸变。绝缘屏蔽恢复完成后，在其表面绕包半导电阻水缓冲带。

（10）铅套与内护套恢复。除了工厂内连续挤铅工艺外，短段铅套恢复的方式有两种方案：① 在导体焊接前套入比工厂接头缓冲阻水带外径稍大的完整铅套，放在一边；② 将预制铅套纵向切割后套入接头，再进行纵向焊接。第一种方案是工厂接头铅套恢复的首选方案，避免了纵向焊缝，减小了风险。第二种方案主要在条件受限时使用，将套入的铅套进行纵向焊接后与本体铅套进行环向焊接。焊接时，需控制焊接热量，防止绝缘烫伤。内护套的恢复与铅套恢复相似，使用专用的熔接机，将预制护套与本体护套熔接。

3.1.2　工厂接头关键装备与测试

1. 工厂接头关键装备

（1）超高洁净净化房。工厂接头制作的部分工序，如绝缘挤塑工序及绝缘硫化工序，对施工环境的要求非常严格，包括温度、湿度、空气洁净度都需控制在一定范围内，工厂接头制作的施工环境标准接近一般外科手术的洁净度要求。因此，绝缘挤塑工序及绝缘硫化工序应在净化环境中进行，绝缘挤塑工序及绝缘硫化工序的环境典型要求为：温度为 20～26℃；湿度不大于 70%；空气净化要求空气中不小于 0.5μm 的粒子数不超过 35200pc/m³。

海底电缆工厂接头制作有专用的超高洁净净化房，其满足了工厂接头制作环境、操作便利性要求，可控制工厂接头制作时的环境温湿度和空气洁净等级。净化房设计成可移动式，相对于固定式净化房，其优点在于避免了一些污染和高危工序的影响。设计成移动式后，仅在需要净化环境的工序使用，在工序完成后撤出。剥削、打磨工序都在净化房外部进行，避免了对净化房内部的污染。导体焊接工序也在开阔的净化房外部进行，方便操作，避免了很多危险因素，对操作人员安全有保障。

（2）X 射线高清无损检测系统。为实现工厂接头的无损检测要求，检测内部杂质、微孔、屏蔽突起的数量和大小以及考察工厂接头的偏心和界面融合情况，需要操作性强、安全可靠、图像灵敏度高、缺陷评定准确的 X 射线高清无损检测系统，系统主要依靠 X 射线穿透物体并可储存影像的特性，进而对物体结构及内部器件进行无损评价，能有效地开展对产品研究、失效分析质量评价、改进工艺等工作。

X 射线高清无损检测系统由 X 射线源系统、工业电视系统、图像采集及处理系统、电气控制系统、机械传动系统、射线防护系统及现场监控系统构成。对于现有 X 射线检测设备，一般具有以下特性：

1）能够拍摄出工厂接头清晰的图像，能够清晰分辨出内屏、绝缘与外屏蔽层，且界面清晰。

2）能够分辨出绝缘中不小于 20μm 缺陷、杂质、击穿形成的通道，能够分辨出 50μm 屏蔽与绝缘之间的突起，能够分辨出绝缘内的分层现象。X 射线高清无损检测系统的分辨率测试卡测试结果，显示分辨率达到 20μm 以上。

3）可实现 360° 全景无盲区测量，检测过程中无须移动海底电缆。

4）检测样品直径范围为 15～160mm，单次检测范围大于 0.8m。

5）底部配置移动小车，可实现自主移动。

6）操作系统实现智能化，具备安装完成后全自动检测功能。

2. 工厂接头测试

工厂接头在制作过程中，同样需要进行电气、机械和环境性能方面的检测，以保证工厂接头的质量满足使用要求。

（1）对于修理接头型式试验，需满足以下标准要求：

1）CIGRE TB490：2012 额定电压 30（36）到 500（550）kV 大长度挤出绝缘海底电缆试验推荐规范。

2）GB/T 32346.3 额定电压 220kV（$U_m=252$kV）交联聚乙烯绝缘大长度交流海底电缆及附件 第 3 部分：海底电缆附件。

3）DL/T 2060 额定电压 500kV（$U_m=550$kV）交联聚乙烯绝缘大长度交流海底电缆及附件。

4）DL/T 2233 额定电压 110kV～500kV 交联聚乙烯绝缘海底电缆系统预鉴定试验规范。

5）Q/GDW 11655.1 额定电压 500kV（$U_m=550$kV）交联聚乙烯绝缘大长度交流海底电缆及附件 第 1 部分：试验方法和要求。

6）GB/T 31489.4 额定电压 500kV 及以下直流输电用挤包绝缘电力电缆系统 第 4 部分：直流电缆附件。

（2）对于交流 110～500kV 的工厂接头，试验电压为额定电压 U_0 的倍数，U_0 和试验电压按表 3-1 的规定执行。在工厂接头的研发和生产制作阶段，需开展一系列试验验证，主要试验项目和检测指标与海底电缆本体一致，工厂接头主要检测项目见表 3-2。

表 3-1　　　　　　　　　　　　试 验 电 压　　　　　　　　　　　单位：kV

1	2	3	4[a]	5[a]	6[a]	7[a]	8[a]	9[a]	10[a]
额定工作电压 U	最高工作电压 U_m	额定电压 U_0	热循环电压试验（预鉴定试验）$1.7U_0$	雷电冲击电压试验	局部放电试验 $1.5U_0$	$\tan\delta$ 测量 U_0	热循环电压试验（预鉴定扩展试验）$2U_0$	操作冲击电压试验	雷电冲击电压试验后电压试验
110～115	123	64	109	550	96	64	128	—	160
132～138	145	76	130	650	114	76	152	—	190
150～161	170	87	148	750	131	87	174	—	218
220～230	245	127	216	1050	190	127	254	—	254
275～287	300	160	272	1050	240	160	320	850	320
330～345	362	190	323	1175	285	190	380	950	380
380～400	420	220	374	1425	330	220	440	1050	440
500	550	290	493	1550	435	290	580	1175	580

[a] 必要时，试验前应测量电缆绝缘厚度和根据标准要求调整试验电压。

表 3-2 　　　　　　　　　　　 **工厂接头主要检测项目**

序号	检测项目	检测要求
1	例行试验（R）	
1.1	局部放电试验	GB/T 32346.1—2015 中 6.2.1
1.2	交流耐压试验	GB/T 32346.1—2015 中 6.2.2
1.3	X 射线检验	GB/T 32346.1—2015 中 6.2.3
1.4	工厂接头铅套外径检查	GB/T 32346.3—2015 中 6.11
2	抽样试验（S）	
2.1	局部放电试验	GB/T 32346.1—2015 中 6.2.1
2.2	交流耐压试验	GB/T 32346.1—2015 中 6.2.2
2.3	雷电冲击试验	GB/T 32346.1—2015 中 7.2.3
2.4	交联聚乙烯绝缘热延伸试验	GB/T 32346.1—2015 中 7.2.4
2.5	导体接头拉力试验	GB/T 32346.3—2015 中 8.4.2
3	型式试验（T）	
3.1	工厂接头导体连接拉力试验	GB/T 32346.1—2015 中 8.6.1
3.2	环境温度下局部放电试验	GB/T 32346.1—2015 中 8.8.2.1
3.3	$\tan\delta$ 测量	GB/T 32346.1—2015 中 8.8.2.2
3.4	热循环电压试验	GB/T 32346.1—2015 中 8.8.2.3
3.5	局部放电试验	GB/T 32346.1—2015 中 8.8.2.4
3.6	雷电冲击电压试验及随后的工频电压试验	GB/T 32346.1—2015 中 8.8.2.5
3.7	目测检验	GB/T 32346.1—2015 中 8.8.2.6
3.8	工厂接头导体连接拉力试验	GB/T 32346.3—2015 中 6.11
3.9	工厂接头绝缘微孔、杂质及界面突起试验	GB/T 32346.1—2015 中 8.9.7
3.10	接头径向透水试验	GB/T 32346.1—2015 中 8.7.4
4	预鉴定试验（PQ）	
4.1	成品海底电缆系统的预鉴定试验	GB/T 32346.1—2015 中 9.4
4.2	成品海底电缆系统的预鉴定扩展试验	GB/T 32346.1—2015 中 10

（3）对于直流电缆工厂接头其进行检测的试验电压按表 3-3 的规定执行，工厂接头主要检测项目见表 3-4。

表 3-3 直流电缆工厂接头试验电压

试验电压	说明
U_0	电缆系统设计的导体与屏蔽之间的额定直流电压
U_T	型式试验和例行试验中的直流试验电压，推荐 $U_T = 1.85U_0$
U_{TP1}	预鉴定试验（负荷循环电压试验）、型式试验（极性反转试验）和安装后试验中的直流试验电压，推荐 $U_{TP1} = 1.25U_0$
U_{TP2}	预鉴定试验中极性反转试验的直流试验电压，推荐 $U_{TP1} = 1.25U_0$
U_{P1}	当雷电冲击电压与实际直流电压极性相反时，电缆系统可能经受的雷电冲击电压最大绝对峰值的 1.15 倍
$U_{P2,S}$	当操作冲击电压与实际直流电压极性相同时，电缆系统可能经受的操作冲击电压最大绝对峰值的 1.15 倍
$U_{P2,O}$	当操作冲击电压与实际直流电压极性相反时，电缆系统可能经受的操作冲击电压最大绝对峰值的 1.15 倍
$U_{RC,AC}$	回流电缆能够承受的瞬态阻尼交流过电压的最大值。这个电压通常是由于换相失败引起，电压值取决于高压直流电网的供应商的计算值。过电压的性质取决于高压直流电网的配置，需根据个案分别计算
$U_{RC,DC}$	回流电缆正常运行时的最大直流电压

注 由于直流系统的设计决定了同极性冲击受避雷器保护以及反极性冲击受换流器保护，因此 $U_{P2,S}$ 不一定等于 $U_{P2,O}$。

表 3-4 工厂接头主要检测项目

序号	试验项目	试验要求
1	例行试验（R）	
1.1	直流电压试验	GB/T 3048.14
1.2	交流电压试验（若适用）	GB/T 3048.8
1.3	交流局部放电试验（若适用）	GB/T 3048.12
1.4	X 射线检测	X 射线
2	抽样试验（S）	
2.1	工厂接头的局部放电试验	GB/T 3048.12
2.2	工厂接头的交流电压试验	GB/T 3048.8
2.3	工厂接头的冲击电压试验	GB/T 31489.1—2015 中 6.4.5、GB/T 3048.13
2.4	工厂接头的绝缘热延伸试验	GB/T 2951.21
2.5	工厂接头的拉伸试验	GB/T 4909.3
3	型式试验（T）	
3.1	工厂接头机械预处理实验	GB/T 31489.1—2015 中 6.4.3.2
3.2	负荷循环试验	GB/T 31489.1—2015 中 6.4.4
3.3	叠加操作冲击电压试验	GB/T 31489.1—2015 中 6.4.5

序号	试验项目	试验要求
3.4	叠加雷电冲击电压试验（若适用）	GB/T 31489.1—2015 中 6.4.5、GB/T 3048.13
3.5	直流电压试验	GB/T 3048.14
3.6	检查	GB/T 31489.1—2015 中 6.4.6
3.7	工厂接头的导体接头拉伸试验	GB/T 4909.3
3.8	工厂接头绝缘微孔、杂质及半导电屏蔽层与绝缘层截面微孔和突起试验	GB/T 11017.1—2014 中附录 H
4	预鉴定试验（PQ）	
4.1	长期电压试验	GB/T 3048.14
4.2	叠加冲击电压试验	GB/T 31489.1—2015 中 6.4.5、GB/T 3048.13
4.3	检查	目测

（4）除了与海底电缆本体相同的检测项目外，工厂接头还需要进行导体接头拉力试验、接头径向透水试验、工厂接头导体焊接及绝缘无损检验等特有项目的检测。

1）导体接头拉力试验。相关海底电缆标准规定，导体截面积为 800mm² 及以下导体之间焊接的抗拉强度应不小于 180MPa，截面积 800mm² 以上导体之间连接的抗拉强度应不小于 170MPa。

具体试验方法为：截取焊接后的导体试样长度不小于 500mm，焊接处应靠近试样的中间部位，两端头用低熔合金浇灌。将试件夹持在试验机的钳口内，夹紧后试件的位置应保证试件的纵轴与拉伸的中心线重合。启动拉力试验机时，加载应平稳、速度均匀、无冲击，当试件被拉伸断裂后，读数并记录最大负荷，试验结果抗拉强度计算如下

$$\sigma = \frac{F}{S} \tag{3-5}$$

式中　σ —— 导体抗拉强度，N/mm²；

　　　F —— 最大试验拉力，N；

　　　S —— 试样的标称截面积，mm²。

2）接头径向透水试验。工厂接头处需开展径向透水试验，以检验接头在最大水深时阻止径向透水的性能。海底电缆试样应尽量符合真实的安装状况，在试验前试样一般要经受张力试验或张力弯曲试验以及热循环试验以使试样受到适当的张力和径向膨胀。

a. 试验方法。具体试验方法如下：

a）从已经受机械试验的接头中取试样，采用电流加热，使导体温度达到 95～100℃。至少经受 10 次热循环，每次热循环包含 8h 加热和随后 16h 冷却，在每次热循环结束前应保持导体温度至少 2h。

b）在热循环过程中，对接头施加压力的部位进行水压试验。用封帽将接头试样的海底电缆两端密封，试样一端应置于专用压力容器内。试样浸入对应 100m 水深的加压水中，持续 48h，试验时压力容器内水温为 5～35℃。到达试验时间后，将试样从水中取出，并解剖接头，目视检查接头内部情况。

b. 试验检测要求。试验后，工厂接头处应满足以下的检测要求：

a）阻水隔离结构应无水浸入迹象。

b）金属铅套无明显不规则凸起缺陷。

3）工厂接头导体焊接及绝缘无损检验。在导体焊接完成时，可预先对每个工厂接头的导体焊接进行无损检验，观察导体焊接是否存在虚焊、金属夹渣等缺陷。

工厂接头的绝缘和屏蔽层恢复制作必须在千级净化室的洁净房内进行，控制洁净度，交联绝缘层制作完成后也需接受恢复绝缘的无损检验。检验恢复绝缘界面质量和可能存在的金属杂质的状况，以表明工厂接头质量完好。

常用的无损检测技术主要包括超声检测（UT）、射线检测（RT）、磁粉检测（MT）、渗透检测（PT）、涡流检测（ET）。射线检测是通过检测穿透性强的高能粒子射线的投射强度来实现内部结构检测的一种方法，一般通过照片成像反映物体内部结构，其中易于穿透物质的有 X 射线、γ 射线、中子射线三种，实际工程应用最多的为 X 射线和 γ 射线。针对海底电缆导体和绝缘检测，通常选用射线检测方法进行，易于直接观测。常用的检测设备为全自动多功能 X 光测试仪，通过在线拍照检测，目视检查接头处是否有偏心、杂质、气孔等缺陷。目前国内海底电缆 X 光检测设备测量精度可达到 0.02mm，能够满足绝缘结构检测要求。

» 3.2 修 理 接 头 «

修理接头是在已经铠装电缆之间的接头，修理接头通常用于修复损伤的海底电缆或连接两根近海或在厂内的交货长度电缆。修理接头长度定义为接头两边铠装丝连接处外加两端各 1m 电缆。修理接头的内部设计应满足电气功能设计原则，外部设计应满足机械功能设计原则。根据需要，修理接头也可用作电缆装置的现场接头。修理接头主要分为软接头型修理接头和刚性修理接头两类。

软接头型修理接头的内部设计类似于工厂接头，外径近似于电缆外径。应特别注意此类修理接头的金属铠装线的恢复处理，应保证接头处的金属铠装恢复柔性连接并具有足够强度，以避免金属铠装线松弛而使海底电缆敷设时电缆芯受到过度张力。

刚性修理接头的内部设计通常采用预模制或预装配结构，也可采用类似于工厂接头。外部设计应具有良好的机械性能和防海水腐蚀性能，可以耐受敷设和运行时所受的机械弯曲、机械张力和扭转的要求，金属保护盒宜采用高强度不锈钢材料制成。

下面从结构设计与材料选型、电气连接设计、机械保护设计、防水密封设计、安装与试验验证等方面说明交联聚乙烯绝缘海底电缆用刚性修理接头的选型。

3.2.1 修理接头材料选型

根据交联聚乙烯绝缘海底电缆修理接头结构设计，修理接头主要涉及橡胶预制件材料、导体连接金具、防水密封材料和保护外壳材料选型。

1. 橡胶预制件材料

交联聚乙烯绝缘电力海底电缆附件的发展与材料科学的发展是密不可分的，绝缘材料的不断进步是修理接头等附件产品成功开发的关键。目前应用于高压海底电缆附件产品的橡胶材料主要为三元乙丙橡胶（EPDM）和硅橡胶，三元乙丙橡胶与硅橡胶生产制造的接头均可以满足要求，因此在性能上区别不大。绝缘材料性能参数要求见表 3-5，半导电材料性能参数要求见表 3-6。

表 3-5　　　　　　　　　　　绝缘材料性能参数要求

序号	项目	单位	硅橡胶	三元乙丙橡胶
1	老化前机械性能			
1.1	拉伸强度	N/mm²	≥6.0	≥6.0
1.2	拉断伸长率	%	≥350	≥300
2	撕裂强度	N/mm	≥20	≥22
3	热空气老化（试验温度 135±3℃，试验时间 7d）后拉伸性能			

序号	项目	单位	硅橡胶	三元乙丙橡胶
3.1	拉伸强度最大变化率	%	±20	±30
3.2	拉断伸长率最大变化率	%	±20	±30
4	体积电阻率（试验温度23±2℃）	Ω·cm	≥1×10¹⁵	≥2×10¹⁵
5	工频介质损耗因数	—	≤0.005	≤0.005
6	工频介电常数	—	2.5～3.5	2.5～3.5
7	工频击穿介电强度	kV/mm	≥22	≥25

表 3-6　　　　　　　　　半导电材料性能参数要求

序号	项目	单位	硅橡胶	三元乙丙橡胶
1	老化前机械性能			
1.1	拉伸强度	N/mm²	≥6.0	≥8.0
1.2	拉断伸长率	%	≥350	≥300
2	撕裂强度	N/mm	≥25	≥22
3	热空气老化（试验温度135±3℃，试验时间7d）后拉伸性能			
3.1	拉伸强度最大变化率	%	±20	±30
3.2	拉断伸长率最大变化率	%	±20	±30
4	体积电阻率（试验温度23±2℃）	Ω·cm	≤1000	≤500

2. 导体连接金具

导体连接金具一般采用纯铜（铜导体电缆）和纯铝（铝导体电缆）。压接型导体连接管的铜含量应不低于 99.9%，并经退火处理。导体连接金具的表面应光滑、洁净，不允许有损伤、毛刺和凹凸斑痕及其他影响电气接触和机械强度的缺陷，连接金具的规格应不小于电缆导体截面。连接金具的机械强度应满足安装和运行条件的要求，导体连接管可进行导体压接和机械连接的性能试验，以证明其性能满足要求。

3. 防水密封材料

附件用密封件应与相接触的材料相容，并能在额定负荷下长期保持使用功能。根据耐高温（90℃）、抗永久变形、加工性能等因素考虑，修理接头密封圈材料一般选用氟橡胶、丁腈橡胶；防水密封胶一般选用聚氨酯、室温硫化硅橡胶。

4. 保护外壳材料

为适应海洋环境及机械性能要求，修理接头保护外壳材料一般选用耐腐蚀性能较好的无磁不锈钢。

3.2.2　修理接头电气设计

修理接头主要有整体预制式和组合预制式结构，整体预制式、组合预制式修理接头结构分别如图 3-15 和图 3-16 所示，其结构设计与陆缆相同。修理接头橡胶绝缘件在工厂内整体预制成型、核心橡胶绝缘件可在出厂前进行例行试验，保证产品质量，同时现场安装方便快捷。

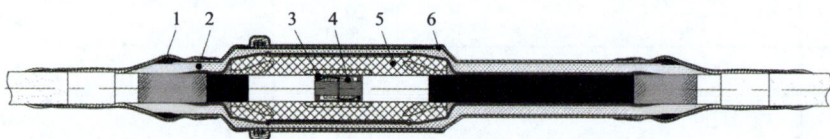

图 3-15　整体预制式修理接头结构

1—封铅；2—密封胶；3—屏蔽罩；4—连接管；5—橡胶预制件；6—铜保护壳

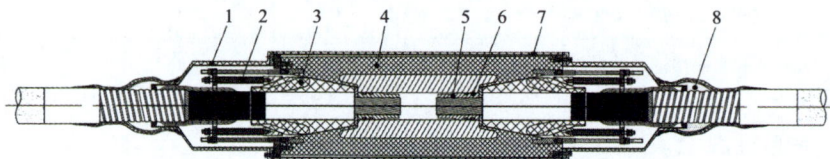

图 3-16　组合预制式修理接头结构

1—尾管；2—锥托组合件；3—橡胶预制件；4—环氧套管；5—触头；

6—导电连接件；7—铜保护壳；8—封铅

1. 电缆端部电场分布

高压电缆端部去除绝缘屏蔽后，其屏蔽切断处电场分布不均匀度增加，不仅有垂直于绝缘层方向的分量，还有沿绝缘层方向的分量，沿电缆长度方向电场分布也不均匀，比较集中在线芯、绝缘屏蔽端部，而且在靠绝缘屏蔽端部处电场强度最大，电缆端部电力线及等势线示意如图 3-17 所示。因此，电缆端部必须进行均匀电场的处理。

2. 应力锥曲线的确定

改善电缆端部电场集中，通常用几何结构法和电气参数法，高压电缆一般采用几何结构法，即应力锥降低电缆端部的电应力集中，将电力线的极不均匀分布调整为稍不均匀分布，应力锥曲线的曲率会直接影响电场的分布。设计时可借助仿真的方法进行精确计算形成应力锥曲线，曲线复杂的应力锥在实际生产中难以实现，应根据生产加工技术在满足工程应用的前提下进行适当调整。有应力锥时端部电力线及等势线分布示意如图 3-18 所示。

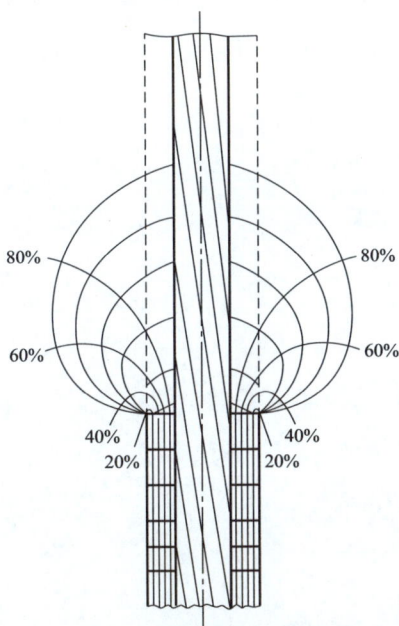

图 3-17 电缆端部电力线及
　　　　　 等势线示意

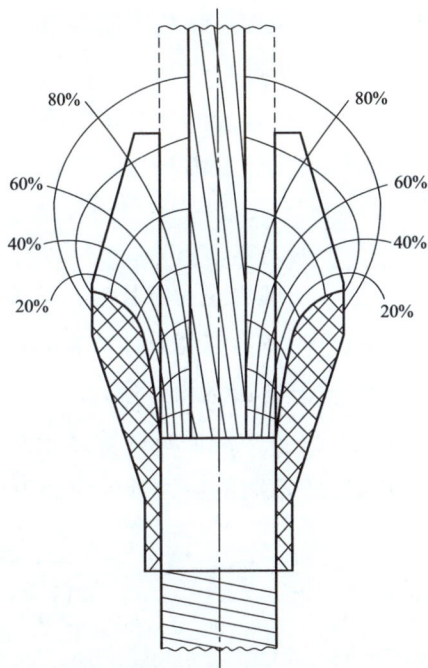

图 3-18 有应力锥时端部电力线及
　　　　　 等势线分布示意

（1）应力锥曲线计算。应力锥曲线按使其表面的轴向电场强度为一常数（或小于一常数）来设计。应力锥曲线计算如下

$$x = \frac{U}{E_{t1}} \ln\left(\ln\frac{y}{r} / \ln\frac{R}{r} \right) \tag{3-6}$$

式中　(x,y)——应力锥曲线上一点的坐标；

　　　　U——工频试验电压；

　　　　E_{t1}——应力锥曲线的轴向电场强度；

r——电缆导体屏蔽层外半径；

R——电缆绝缘外半径。

（2）应力锥轴向长度计算。在设计应力锥时，如果应力锥曲线上电场强度模值不超过应力锥根部的电场强度模值，则说明设计是合理的。XLPE 与应力锥绝缘材料形成双层复合绝缘介质，在电压作用下，应力锥外表面电场强度为

$$E_{(r)} = 0.9 \frac{U}{2R\ln\left[\left(R + \dfrac{d}{2}\right)/R\right]} \tag{3-7}$$

式中　U——电缆系统的电压等级；

R——屏蔽环半径；

d——环内表面至导体屏蔽表面的距离。

因此，应力锥长度为

$$L_{k} = \frac{U}{E_{t}}\ln\left(\ln\frac{R_{n}}{r} / \ln\frac{R}{r}\right) \tag{3-8}$$

式中　L_{k}——理想应力锥长度；

E_{t}——应力锥面设计的轴向电场强度；

R_{n}——增加绝缘半径。

在设计直流电缆附件时除按上述公式计算外，还需考虑空间电荷的影响，所以在设计直流时的应力锥外表面电场强度计算公式为

$$E_{(r)} = \frac{\varepsilon_{1}U}{\varepsilon_{2}\ln\dfrac{r_{2}}{r_{i}} + \varepsilon_{1}\ln\dfrac{r_{i}}{r_{1}}} + \frac{1}{r}\int_{r_{i}}^{r}\frac{\rho_{(r)}}{\varepsilon_{2}}r\mathrm{d}r \tag{3-9}$$

式中　ε_{1}、ε_{2}——XLPE 和应力锥绝缘材料的介电常数；

$\rho_{(r)}$——绝缘层中不同位置点处的空间电荷；

r_{1}——电缆主绝缘内半径；

r_{i}——双层绝缘交界面处半径；

r_{2}——增强绝缘外半径。

应力锥在轴向的长度 L_{k} 的计算公式为

$$L_{k} = \frac{U}{E_{tl}}\frac{\varepsilon_{1}\ln\dfrac{r_{2}}{r_{i}}}{\varepsilon_{2}\ln\dfrac{r_{2}}{r_{i}} + \varepsilon_{1}\ln\dfrac{r_{i}}{r_{1}}} + \frac{1}{E_{tl}}\int_{r_{i}}^{r_{2}}\left[\frac{1}{r'}\int_{r_{i}}^{r}\frac{\rho_{(r)}}{\varepsilon_{2}}r\mathrm{d}r\right]\mathrm{d}r' \tag{3-10}$$

式中　E_{t1}——应力锥与电缆主绝缘交界面上的切向电场强度。

接头的高压屏蔽端部通常会使界面上电场强度比应力锥区域（高压屏蔽层端部位置处的界面上）还高。

3. 接头绝缘厚度的计算

计算接头绝缘厚度可根据连接接头绝缘最大允许电场强度来确定，中间接头最大允许工作电场强度比电缆本体低，一般为本体的60%～70%，考虑到接头材料及生产过程的差异，在设计时，应力锥在电缆内半导电层处的最大工作电场强度一般取为电缆本体最大工作电场强度的45%～60%。

设接头绝缘的相对介电常数为ε_n，线芯连接高压屏蔽半径为r_1，绝缘外半径为R_n，则有

$$E_n = \frac{U}{r_1 \ln \dfrac{R_n}{r_1}} \tag{3-11}$$

式中　E_n——线芯连接高压屏蔽表面工作电场强度；
　　　U——电缆承受电压。

将式（3-11）变形后得到

$$R_n = r_1 e^{\frac{U}{r_1 E_n}} \tag{3-12}$$

从而接头绝缘厚度为

$$\Delta_n = R_n - R = r_1 e^{\frac{U}{r_1 E_n}} - R \tag{3-13}$$

式中　R——电缆绝缘层外半径。

4. 修理接头电场强度设计

电力电缆本体是典型的同轴结构，电场是轴对称分布，计算比较简单，修理接头电场强度分布复杂，设计时通常采用有限元仿真计算的方法，计算高压屏蔽的形状和尺寸以及应力锥曲线的形状，使得应力锥部位界面上切向电场强度均匀，且高压屏蔽端部附近界面上的切向电场强度不超过允许的切向电场强度。运用有限元法进行仿真计算，某交流修理接头电场仿真计算结果如图3-19所示。

对于直流修理接头，要充分考虑接头增强绝缘材料体积电阻率随温度和直流电场强度的变化与海底电缆绝缘材料的匹配问题，两者不匹配容易造成接头故障。同样，直流修理接头在电场分布上也存在电场强度反转的问题，某直流修理接头电场仿真计算结果如图3-20所示。

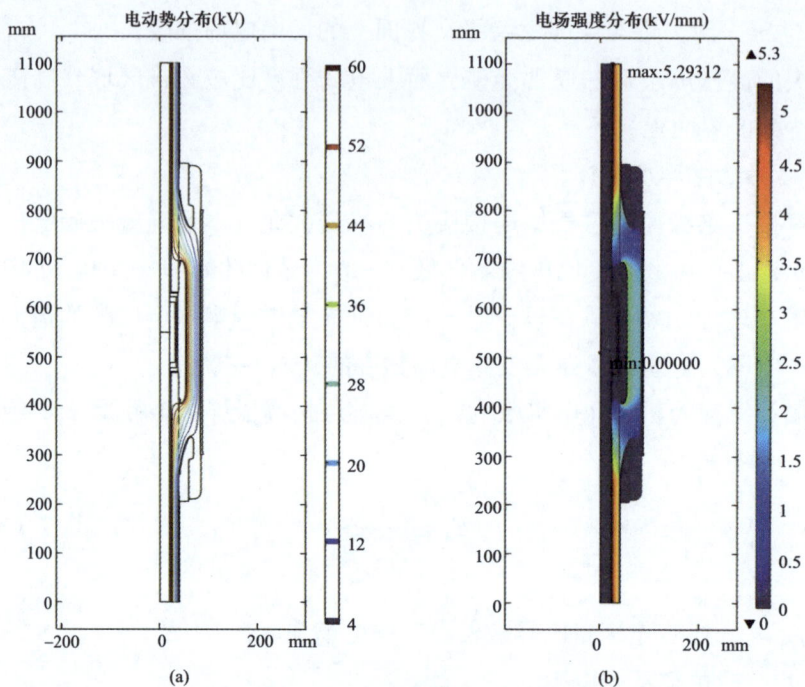

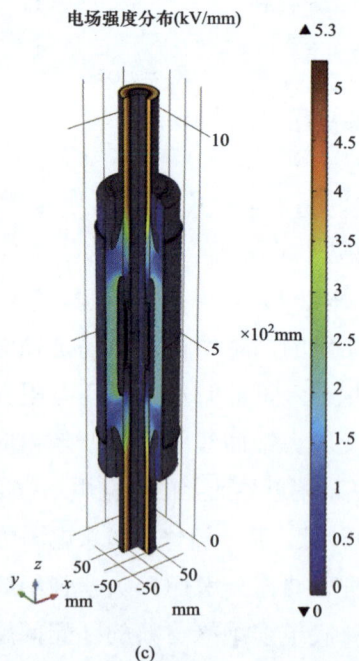

图 3-19　某交流修理接头电场仿真计算结果

（a）电动势分布；（b）电场强度分布（二维）；（c）电场强度分布（三维）

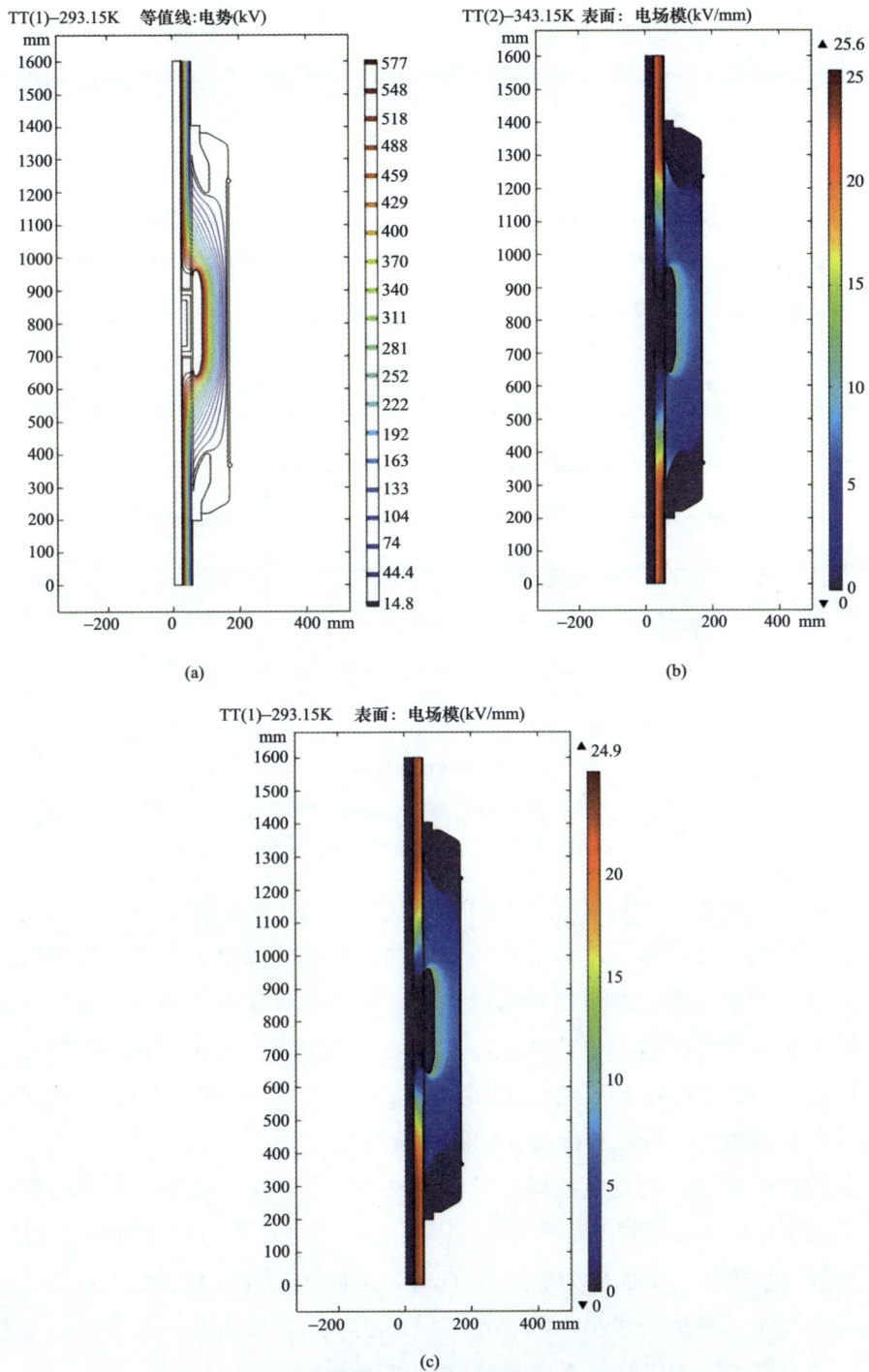

(a)

(b)

(c)

图3-20 某直流修理接头电场仿真计算结果

（a）电动势分布；（b）电场强度分布（常温）；（c）电场强度分布（高温）

5. 整体预制橡胶件与电缆界面压力设计

海底电缆附件内存在由不同绝缘介质构成的界面，例如电缆绝缘和橡胶预制件的交接面等。界面的介电强度与界面压力有直接关系，界面压力与界面介电强度的实验结果如图 3-21 所示。由图 3-21 可见，绝缘介质界面压力越大，界面的介质强度越高。在界面压力为零时，界面的介电强度仅等于该介质表面沿面的电气强度；在界面压力增大到一定程度后，界面的介电强度可以接近该介质本体的电气强度；之后，界面压力再增大，界面的介质强度不再有明显增长。

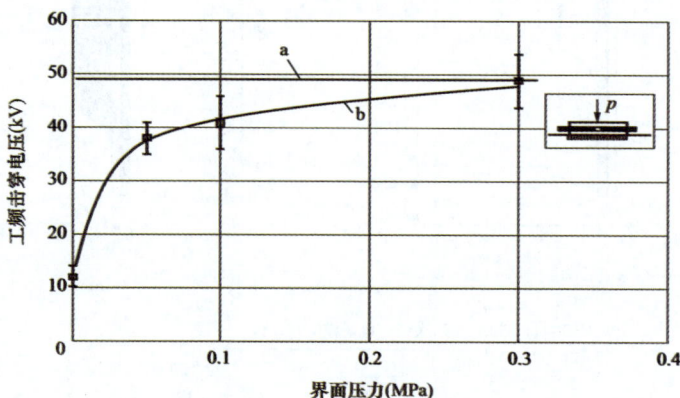

图 3-21　界面压力与界面介电强度的实验结果
a—硅橡胶本体；b—硅橡胶/电缆交界面

界面的介电强度还与材料表面的粗糙程度和材料的硬度有关。材料表面越光滑，界面的强度越高。不同的介质组成的界面电气强度变化数值会有较大差异，但趋势基本一致。对海底电缆附件设计来讲，界面应力的电气强度是十分重要的参数。严格地讲，设计者应该通过测试确定适合所选用材料的参数。电缆与橡胶预制件界面压力测试示意如图 3-22 所示，图 3-22 的测试方式是通过薄膜压力传感器测试电缆与橡胶预制件界面压力。

正确设计界面压力是电缆附件设计的重要内容。压力太小，界面的电气强度达不到要求；压力超过某一数值后，界面的电气强度不再随压力增加和增强，但会造成安装困难（界面压力过大）。此外，橡胶预制件压紧力过大，还会在电缆负荷情况下，被应力锥挤压成"竹节"形状，从而使电缆绝缘击穿，应力锥压力造成电缆绝缘的"竹节"现象如图 3-23 所示。

图 3-22 电缆与橡胶预制件界面压力测试示意

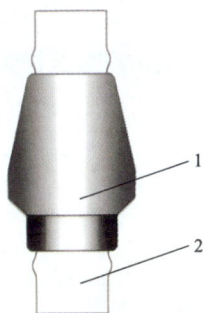

图 3-23 应力锥压力
造成电缆绝缘的"竹节"现象
1—应力锥；2—电缆绝缘

一般来说，界面的最小压力由电气强度决定，界面的最大压力以不损坏电缆绝缘（造成"竹节"现象）为原则。界面压力取决于橡胶件的扩张率和材料的弹性模量，可以通过计算或用模拟试验求取材料的扩张率与界面压力的关系。界面压力计算可以通过计算机软件实现，计算时输入模型的结构尺寸、外界条件（外作用力、温度变化等）、材料性能（硬度、弹性模量等）、界面材料间的摩擦系数等。

3.2.3 修理接头机械保护设计

修理接头的主要作用就是修复和接续海底电缆，为保证接头在吊装和海底运行阶段不发生结构失效和损伤，同时能够应对复杂的海洋环境条件，接头外部需要有较好的机械防护性能，以保障接头电气连接性能稳定，承受长期水压荷载作用。机械保护设计的主要内容包括修理接头盒整体结构、保护壳体厚度等结构的设计以及仿真试验的校核。

1. 保护外壳结构设计

修理接头有刚性的外壳，用于连接海底电缆两端的铠装钢丝并且能够承担吊装入水过程中的重力和弯矩。为避免刚性修理接头与海底电缆铠装连接过渡处不会出现因过度弯曲造成损伤的情况，通常在修理接头两侧配置弯曲保护器。为了便于安装，修理接头保护外壳与保护装置多采用哈弗式结构进行设计。

修理接头保护外壳结构示意如图 3-24 所示，其主要由壳体、钢丝铠装锚固装置、端部法兰、密封件等组成。修理接头两端是承载钢丝的钢丝铠装锚固装置，该钢丝铠装锚固装置与法兰相连，为安装方便及安装时不产生影响海底电缆接头性能的位移，采用法兰作为修理接头盒的铠装层与接头盒之间的连接装置；接头外端与弯曲限制/保护装置相连接，用于保护海底电缆不发生弯曲失效。修理接头在安装和运行过程中将受到各种外载荷的作用，这些外载荷主要包括弯曲限制/保护装置末端海底电缆产生的拉弯载荷，作业过程中静水压力和水动力载荷。

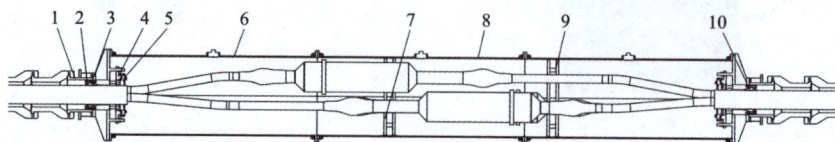

图 3-24 修理接头保护外壳结构示意

1—弯曲限制/保护装置连接法兰；2—密封压盘；3—端面壳体法兰；4—锚固板；5—锚固压盘；6—壳体 1；7—接头支撑架 1；8—壳体 2；9—接头支撑架 2；10—橡胶密封圈

海底电缆修理接头在安装过程中会受到海底电缆两端产生的拉力、自身重力及吊绳拉力，海底电缆施加于接头上的拉力由钢丝压板承受。修理接头两端弯曲限制/保护装置仅为防止接头两端海底电缆产生过度弯曲，引起海底电缆曲率过大而损坏。接头构件由高抗拉强度和屈服强度的螺栓连接，保证了修理接头连接的可靠性。

2. 保护外壳载荷分析

海底电缆在维修过程中通常由起吊系统吊放于船体甲板上，修复的海底电缆需要调整到水平位置。修理接头在吊放过程中会受到海底电缆的水平和竖直方向拉力。接头法兰处与伸出弯曲限制/保护装置海底电缆均由起吊绳索同步吊放，避免海底电缆产生过大弯曲，破坏修理接头。修理接头的起吊点一般位于壳体两端法兰处，对于较长的保护外壳会在壳体上增加吊点。吊放接头时因吊放速度增加或减小而存在竖直方向的惯性载荷。海底电缆修理接头安装过程受力示意如图 3-25 所示，其中海底电缆产生的水平载荷与竖直载荷作用于两端法兰处，悬跨段海底电缆在自身重力作用下对抢修接头产生弯曲效应。

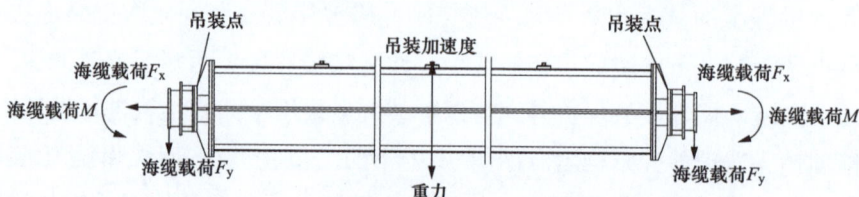

图 3-25 海底电缆修理接头安装过程受力示意

3. 保护外壳工况

海底电缆用修理接头应用水深根据实际使用情况确定，接头保护外壳与内部海底电缆、接头本体之间由高分子防水密封材料填充。为了使计算结果保守，建立修理接头模型时可设置为内部无填充物，采用两端法兰吊装。

（1）安装工况。修理接头通常由起吊系统竖直吊放于水下，该安装过程中接头处于水平位置，接头两端将会受到海底电缆铠装钢丝的拉力作用，考虑到修理接头吊放速度的不一致性，在接头处施加一个惯性力。修理接头安装工况如图 3-26 所示。

图 3-26　修理接头安装工况

修理接头所受电缆的拉力可以采用 remote force 添加，修理接头安装工况下受力荷载与边界条件示意模型如图 3-27 所示。

（2）运行工况。修理接头正常运行时将敷设在海床上面，承受海水静压力和海流作用。在实际应用中铺设在海床上的修理接头受到的海底电缆张力很小，可不予考虑。为了应用安全性，一般假定修理接头在运行过程中受到海底电缆两端的张力，其方向为修理接头轴向。海流对修理接头的作用力可等效为竖直投影面上的惯性力，可设置动力放大系数为 1.5，水平投影面上的惯性力视为 1.5 倍接头盒重力。运行工况下修理接头的加载载荷与边界条件示意模型如图 3−28 所示。

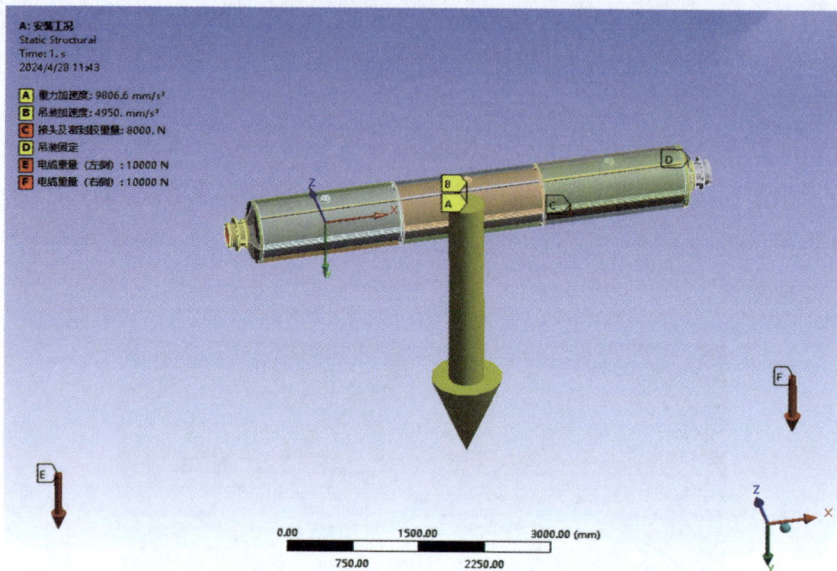

图 3−27　修理接头安装工况下受力载荷与边界条件示意模型

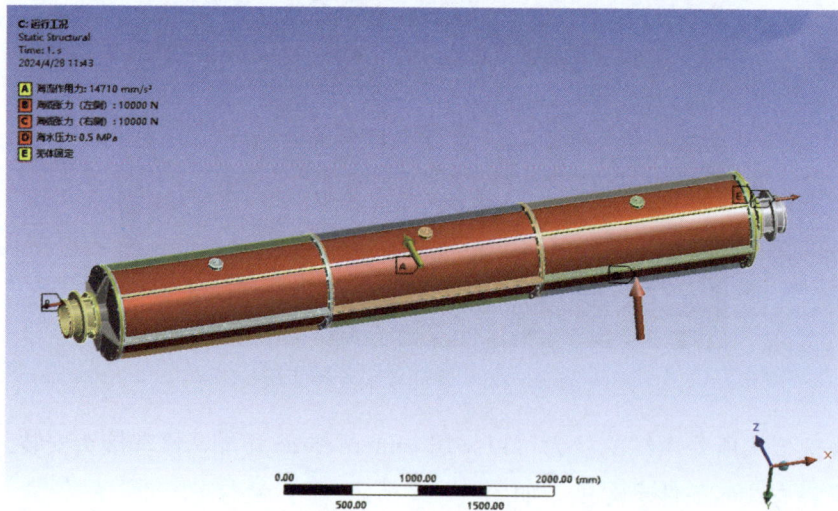

图 3−28　运行工况下修理接头的加载载荷与边界条件示意模型

根据以上分析计算后，要求计算的最大应力不超过材料的许用应力，一般为保证修理接头的可靠性，可取一定的安全系数。某修理接头在运行工况的仿真计算结果如图 3−29 所示。

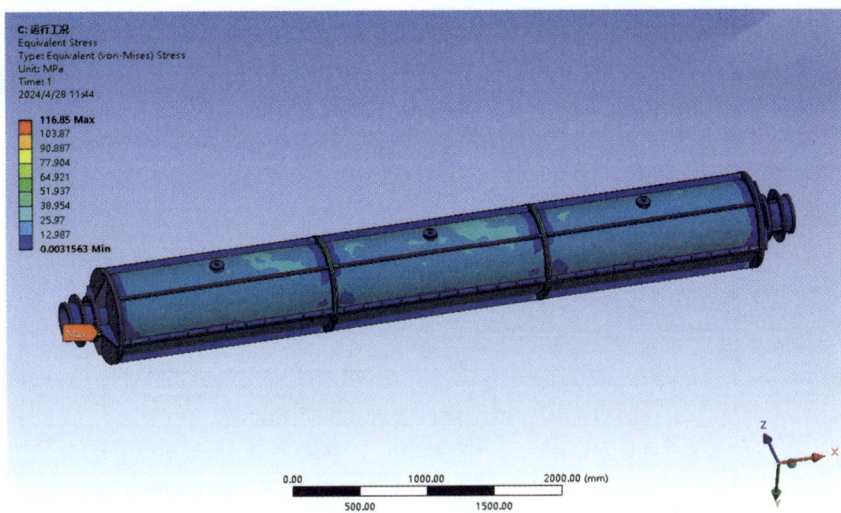

图 3-29　某修理接头在运行工况的仿真计算结果

3.2.4　修理接头防水密封设计

由于海底电缆接头的特殊应用环境，海底电缆修理接头除了考虑电气性能和机械性能满足要求之外，防水密封设计也是关键设计指标之一。从实现修理接头保护外壳机械密封的可行性考虑，一般接头保护外壳设计为圆筒形结构。

从修理接头保护外壳到电缆线芯，防水由多道密封措施组成。第一道密封由外部锚固壳体实现，修理接头采用全封闭壳体，在壳体拼接部位及壳体与海底电缆的连接处采用密封圈或密封垫密封。第二道密封由壳体与接头本体和电缆本体间填充的防水密封胶作为补充措施，密封胶填满外部筒体与内部铜壳及海底电缆的空隙。第三道密封由内部铜壳承担，铜壳所有连接部位采用密封圈密封，铜壳两端与海底电缆铅套使用铅封工艺进行密封处理。第四道密封由铜壳内部高压电缆密封胶实现。第五道密封由预制绝缘件实现，预制绝缘件紧密包覆在海底电缆导体连接处，通过橡胶预制件与电缆绝缘的抱紧力形成密封，防止水汽侵入。

3.2.5　修理接头结构

修理接头内部设计满足电气功能设计原则，外部设计满足机械功能设计原则。根据需要修理接头也可用作电缆装置的现场接头。外部设计应具有良好的机械性能和防海水腐蚀性能，可以耐受敷设和运行时所受的机械弯曲、机械张力和扭转的要求，金属保护盒宜采用高强度不锈钢材料制成。刚性修理接头的接头本体主要有整体预制式和组合预制式两种结构，典型刚性修理接头结构示意如图 3−30 所示。

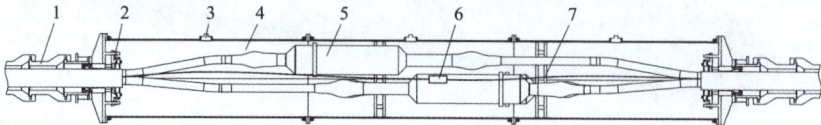

图 3−30　典型刚性修理接头结构示意
1—夹弯曲限制/保护装置；2—钢丝锚固；3—灌胶口；4—填充密封胶；
5—接头本体；6—光纤接续盒；7—支撑架

　　修理接头结构主要由预制式接头、保护外壳、防水密封胶、弯曲限制/保护装置组成，三芯修理接头整体结构示意如图 3−31 所示。修理接头的各部分承担不同的功能，预制式接头主要起恢复海底电缆接头部分绝缘和均匀电场作用，主要由橡胶绝缘预制件、接头保护壳以及填充防水密封胶组成。修理接头的保护外壳主要起接头部分的防水、机械保护，以及恢复海底电缆铠装之间的机械、电气连接的作用。防水密封胶一般为双组分，当两种组分的防水密封胶按一定比例混合后，在较短时间内会发生固化，在固定保护外壳体内部组件位置的同时起到一定的防水防腐蚀作用。弯曲限制/保护装置为锥形弹性体铸件，其作用主要是防止修理接头两端海底电缆过度弯曲。对于含有多根复合光缆的海底电缆结构，修理接头处的光纤单元接续采用光纤单元防水接续盒，可节约接续盒内部空间，将不同根光纤单元在一个接续盒内熔接。

图 3−31　三芯修理接头整体结构示意

3.2.6　修理接头安装

　　修理接头现场安装是接头安全运行至关重要的一个环节，接头实际使用性能不仅取决于设计，很大程度上还取决于现场安装工作。修理接头的安装发生在海底电缆故障维修时，一般在船上进行操作。整体预制式修理接头安装流程如图 3-32 所示。

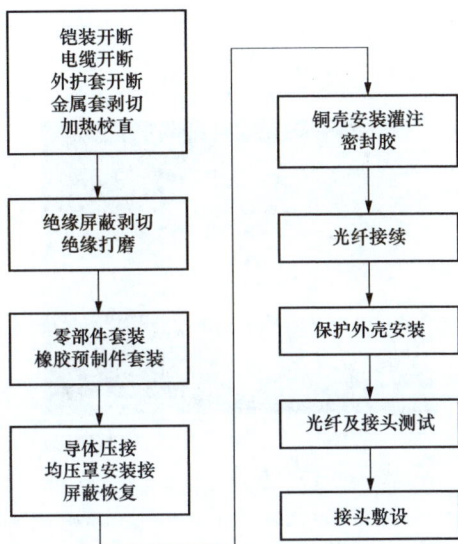

```
┌─────────────┐          ┌─────────────┐
│  铠装开断    │          │ 铜壳安装灌注  │
│  电缆开断    │          │   密封胶     │
│  外护套开断   │          └──────┬──────┘
│  金属套剥切   │                 │
│  加热校直    │                 ▼
└──────┬──────┘          ┌─────────────┐
       │                 │  光纤接续    │
       ▼                 └──────┬──────┘
┌─────────────┐                 │
│ 绝缘屏蔽剥切  │                 ▼
│  绝缘打磨    │          ┌─────────────┐
└──────┬──────┘          │ 保护外壳安装  │
       │                 └──────┬──────┘
       ▼                        │
┌─────────────┐                 ▼
│ 零部件套装    │          ┌─────────────┐
│橡胶预制件套装  │          │ 光纤及接头测试 │
└──────┬──────┘          └──────┬──────┘
       │                        │
       ▼                        ▼
┌─────────────┐          ┌─────────────┐
│  导体压接    │          │  接头敷设    │
│ 均压罩安装接  │          └─────────────┘
│  屏蔽恢复    │
└─────────────┘
```

图 3-32　整体预制式修理接头安装流程

1. 施工环境要求

修理接头安装前，需要对现场环境的温度、湿度和洁净房的制作空间等进行确认，保证满足现场接头安装的环境条件。

2. 修理接头安装步骤和工艺

（1）去除海底电缆接头处铠装钢丝、金属护套，对海底电缆本体进行加热处理，去除应力。一般加热温度为 75～80℃，然后校直自然冷却。

（2）去除电缆绝缘屏蔽、处理绝缘屏蔽断口，打磨电缆绝缘。绝缘屏蔽断口要求如图 3-33 所示。

（3）将铜壳、热缩管等材料套装到电缆上。将橡胶预制件套入海底电缆长端并进行导体连接管连接，橡胶预制件套装与连接管压接如图 3-34 所示。此步骤为接头安装关键步骤，必须按要求严格保持现场清洁度、控制室温湿度。

（4）安装屏蔽罩（如果有）。将橡胶预制件回拉至两端海底电缆中间，并用带材绕包使其恢复海底电缆金属屏蔽，并对接头进行内部防水处理。

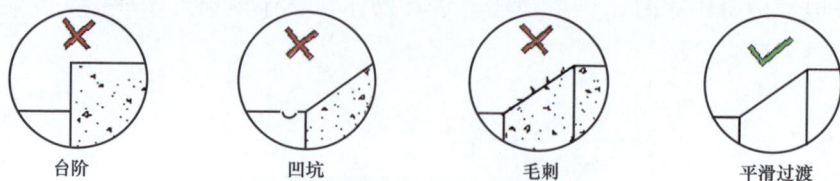

台阶　　　　凹坑　　　　毛刺　　　　平滑过渡

(a)

(b)

图 3-33　绝缘屏蔽断口要求

（a）绝缘屏蔽断口要求；（b）绝缘屏蔽断口处理实物

图 3-34　橡胶预制件套装与连接管压接

（5）套上铜壳，铜壳和海底电缆铅套结合处进行铅封处理、绕包带材和热缩管等密封处理，并在铜壳内灌注高压电缆密封胶，铜壳套装及封铅处理如图3-35所示。

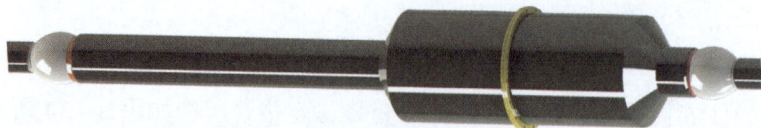

图 3-35　铜壳套装及封铅处理

（6）光缆连接。使用光纤熔接机连接光纤，并将接头用光纤接头安装于保护壳中。熔接完成后，需采用光时域反射仪对光纤通断和损耗进行测试，如果损耗过大需要重新熔接。

（7）修理接头保护壳体安装。依既定次序安装修理接头保护壳体的壳体、法兰、弯曲限制/保护装置。

（8）灌注防水密封胶。防水密封胶一般为双组分，按要求比例进行混合、搅拌均匀后灌入接头保护外壳内。防水密封胶未固化前严禁与水接触。

（9）完成以上步骤后，如条件具备，可对电气性能（绝缘电阻、电容等）进行测试，测试合格后，整个现场接头的制作工作结束。

（10）修理接头的敷埋。将预制的海底电缆下放专用吊具安装到海底电缆接头处，吊具长度不小于海底电缆接头长度，吊点应均匀分布在保护外壳壳体和两端弯曲限制/保护装置上，两边海底电缆可各设一个吊装点，修理接头吊装如图 3-36 所示。临时将接头安置于海床上，待整体线路通过竣工验收试验后，再将修理接头挖沟敷埋。

图 3-36　修理接头吊装

≫ 3.3 过 渡 接 头 ≪

海底电缆与陆缆的过渡接头为连接两根均为挤包绝缘但有设计差异（例如导体的截面、结构或材质不同）的海底电缆与陆缆间的接头。过渡接头通常位于海岸线或靠近海岸线。过渡接头在连接高压海底电缆与陆地电缆时扮演着关键角色，其不仅是简单的连接器件，更是在两种不同环境和条件下，确保电力传输稳定性和连续性的重要组成部分。

过渡接头和修理接头的结构设计与材料选型、电气设计、机械保护设计、防水密封设计、安装基本一致，区别在于一般海底电缆为三芯电缆，陆上电缆为单芯电缆，需要将三芯海底电缆与单芯陆上电缆过渡连接。假如过渡接头连接的海底电缆敷设于平坦的海底，且过渡接头靠岸，则铠装可在此终止，不进行锚固。如果海底电缆置于很陡的斜坡，必须将海底电缆铠装锚固固定。根据过渡接头离海岸线的远近考虑是否增加接头保护外壳。三芯海底电缆与单芯陆上电缆过渡接头示意如图 3-37 所示。

图 3-37　三芯海底电缆与单芯陆上电缆过渡接头示意

3.4　终　　端

海底电缆终端按其连接设备的不同，可分为户外终端、GIS 终端和油浸终端、可分离连接器。户外终端按绝缘方式分为普通增强式和电容式终端，普通增强式终端结构相对简单，目前普遍使用。GIS 终端和油浸终端结构相同，只是终端与开关或变压器设备箱体之间填充介质不同。可分离连接器目前多用于海上风电海底电缆与风机连接。

下面从结构设计与材料选型、绝缘设计、电场设计、安装与试验验证等方面说明交联聚乙烯绝缘海底电缆户外终端和 GIS 终端的选型。

3.4.1　终端材料选型

材料对海底电缆终端结构设计及尺寸起决定性作用，材料选型主要涉及应力锥、绝缘填充剂、套管、环氧预制件及环氧套管 4 个部件。

1. 应力锥

终端橡胶应力锥材料和修理接头材料相同，可参考修理接头橡胶预制件材料进行选择。应力锥材料需满足以下电气性能和机械性能要求。

（1）电气性能。绝缘材料主要考虑介电常数、击穿强度及电阻率。介电常数决定着电场分布及应力锥尺寸形状，击穿强度决定电场设计中最大电场强度的设定；半导电材料主要考虑电阻率，保证其屏蔽效果。

（2）机械性能。包含弹性模量、抗张强度、抗撕裂强度、断裂伸长率、永久变形率等，特别是弹性模量，其决定着应力锥本身与海底电缆的过盈量及安装工艺（是否扩径及扩径率的设定等）。

2. 绝缘填充剂

绝缘填充剂的选取主要考虑材料间的相容性及电气性能。终端结构存在应力锥与绝缘填充剂直接接触的情况，故在绝缘填充剂的选取方面主要考虑应力锥材料与绝缘填充剂的相容性，即是否存在溶胀反应。

从相容性方面考虑，对乙丙橡胶应力锥推荐采用硅油作为绝缘填充剂，对硅橡胶应力锥推荐采用聚异丁烯作为绝缘填充剂。硅油、聚异丁烯性能参数分别见表 3-7、表 3-8。

表 3-7　　　　　　　　硅油性能参数

序号	项目		单位	性能参数
1	外观		—	无色透明，无杂质
2	运动黏度（25℃）	低黏度硅油	mm²/s	40～1000
		高黏度硅油	mm²/s	7000～13000
3	闪点		℃	≥3000
4	折光指数（25℃）			1.42～1.47
5	击穿电压（电极间距 2.5mm）		kV	≥35
6	体积电阻率（25℃）		Ω·m	$\geq 8.0 \times 10^{12}$
7	挥发度（150℃，3h）		%	≤0.5

表 3-8　　　　　　　　聚异丁烯性能参数

序号	项目	单位	性能参数
1	外观	—	无色透明，无杂质
2	闪点	℃	≥165
3	折光指数（25℃）	—	1.48～1.53
4	击穿电压（电极间距 2.5mm）	kV	≥35
5	体积电阻率（25℃）	Ω·m	$\geq 5.0 \times 10^{12}$

3. 套管

套管根据材料的不同可分为复合套管和瓷套管，复合套管与瓷套管优缺点比较见表 3-9。

表 3-9　　　　　　　　　　　复合套管与瓷套管优缺点比较

项目	优点	缺点
复合套管	质量轻；外表面为硅橡胶，具有憎水性；产品故障无飞溅物产生	材料为有机材料，在紫外线、污染等环境下会加速劣化
瓷套管	材料为无机物烧结而成，性能稳定；耐腐蚀性能好；机械性能好	爆炸时产生的碎片飞溅物，对周边设备及人员构成安全威胁；质量大，安装较困难

考虑海底电缆终端站位于近海，盐雾腐蚀严重，在电场作用下有机固体介质老化相较内陆会更加严重，如果终端安装户外，周围供电设备较少，原则上可以选择瓷套管作为海底电缆的终端附件。如果应用于海上平台，仍然应采用复合套管。

4. 环氧预制件及环氧套管

环氧预制件及环氧套管应无有害杂质、气孔，内外表面应光滑无缺陷。绝缘体与预埋金属件结合良好，无裂纹、变形等异常现象。环氧预制件和环氧套管所采用的环氧树脂固化（胶）体的性能应满足表 3-10 的要求。

表 3-10　　　　　　　　　　　　环氧树脂性能参数

序号	项目		单位	性能参数
1	室温（23℃）下电气性能	体积电阻率	$\Omega \cdot m$	$\geqslant 1.0 \times 10^{13}$
		$\tan\delta$	—	$\leqslant 5.0 \times 10^{-3}$
		介电常数	—	$3.5 \sim 6.0$
		短时工频击穿电场强度	kV/mm	$\geqslant 20$
2	100℃电气性能	体积电阻率	$\Omega \cdot m$	$\geqslant 1.0 \times 10^{13}$
		$\tan\delta$	—	$\leqslant 5.0 \times 10^{-3}$
		介电常数	—	$3.5 \sim 6.0$
3	热变形温度		℃	$\geqslant 105$

3.4.2　终端电气设计

充油户外终端的内绝缘结构设计主要考虑套管内部各部件的界面及其本身材料绝缘强度与设计电场分布强度的匹配，以保证各部位电场强度均在允许设计强度范围内。内绝缘设计主要为应力锥设计，匹配整个终端的电场分布。应力锥曲线的确定、界面压力可参考修理接头，具体计算如下。

1. 应力锥绝缘厚度的计算

设计应力锥的关键除了确定应力锥的曲线和应力锥长度外，还有应力锥的最大绝缘厚度。设电缆本体绝缘的相对介电常数为 ε_1，应力锥绝缘的相对介电常数为 ε_2，电缆导体屏蔽层外半径为 r，电缆绝缘外半径为 R，应力锥绝缘外半径为 R_n（最大处），则导体屏蔽层表面的电场强度为

$$E_n = \frac{U}{r_1\left(\ln\dfrac{R_n}{r_1} + \dfrac{\varepsilon_1 - \varepsilon_2}{\varepsilon_2}\ln\dfrac{R_n}{R}\right)} \quad\quad (3-14)$$

将式（3-14）变形得

$$R_n = e^{\frac{1}{a}\left(\frac{U}{rE} + \ln r \cdot R^{(a-1)}\right)} \quad\quad (3-15)$$

式中 $a = \dfrac{\varepsilon_1}{\varepsilon_2}$。

从而得到应力锥绝缘层厚度为

$$\Delta_n = R_n - R = e^{\frac{1}{a}\left(\frac{U}{rE} + \ln r \cdot R^{(a-1)}\right)} - R \quad\quad (3-16)$$

式中 U——电缆承受电压。

当应力锥绝缘层介电常数与电缆绝缘层介电常数相等时，$a = 1$，则有

$$R_n = re^{\frac{U}{rE}} \quad\quad (3-17)$$

$$\Delta_n = R_n - R = re^{\frac{U}{rE}} - R \quad\quad (3-18)$$

2. 外绝缘设计

终端外绝缘有三个要素必须计算，即干闪距离、湿闪距离和污闪距离，这三个参数对外绝缘将产生不同的影响。对于户外终端，只有取三个参数计算出的最大绝缘距离，才能保证运行时的安全。

（1）干闪距离。干闪距离是指上金属电极至下金属电极间的最近直线距离。我国电缆运行规程规定，对用于户内或不存在污闪和湿闪的场合时，终端外绝缘长度可表示为式（3-19）或式（3-20）。

$$L = a + c + d \quad\quad (3-19)$$

$$L = 0.32(U_{\text{干}} - 14) \quad\quad (3-20)$$

式中 $U_{\text{干}}$——干放电电压，kV。

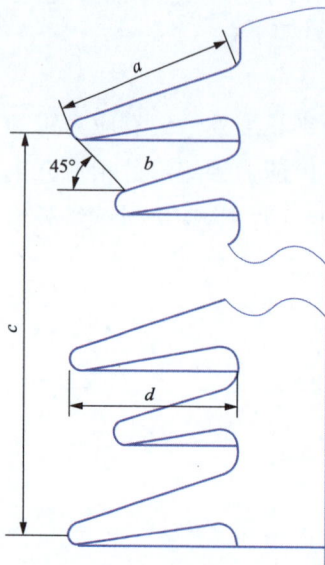

图 3−38 终端伞裙示意

（2）湿闪距离。湿闪距离是指当雨水以 45°淋在户外终端上时，户外终端上仍存在的干区长度。湿闪电压一般为干闪电压的 70%～80%，当正常运行时，在电压一定的情况下，一般户外终端设计主要以湿闪为依据，终端伞裙示意如图 3−38 所示。湿闪距离计算如下

$$L_{湿} = nb \qquad (3-21)$$

式中 n——裙边数；

b——与大伞裙端部圆弧相切、与水平方向 45°夹角的大、小伞裙表面距离，mm。

（3）污闪距离（泄漏比距）。污闪距离是指附件外绝缘从上金具至下接地部位全部绝缘表面距离。这是由于污秽是均匀附着于户外终端表面上，当有潮湿空气将其湿润时，就会发生导电现象，直至闪络。国际污秽等级划分见表 3−11，考虑我国实际情况，污闪距离一般取Ⅳ级污秽等级，即 31mm/kV。

表 3−11 国际污闪等级划分

污秽环境等级	泄漏比距（mm/kV）	试验方法		
		盐雾法	固体层法	
		盐雾密度（kg/m³）	等值盐（NaCl）密度（kg/m³）	电导（μS）
Ⅰ—轻	16	5～10	0.03～0.06	5～10
Ⅱ—中	20	14～28	0.05～0.20	10～15
Ⅲ—重	25	40～80	0.10～0.60	15～25
Ⅳ—很重	31	80～160	0.25～1.0	25～40

外绝缘的设计计算主要是为了确定电缆终端套管高度和伞裙结构尺寸，根据干闪电压及干闪距离初步确定户外终端的套管高度，再根据湿闪电压及湿闪距离确定伞裙结构尺寸，最终确定电缆终端套管高度。套管高度计算如下

$$L = (1.05 \sim 1.15)\frac{U}{E} \qquad (3-22)$$

湿闪电压取决于绝缘子的有效高度和伞裙结构，伞宽 a 和伞间距离 l 是主要因素。较为合理的伞形关系是 $a=0.5l$，但只对大气清洁地区的伞裙适用，实际运行过程中伞裙表面会有脏污，要适当增加泄漏距离，应该增加 a/l 的数值。伞裙倾角应该向下，以保证雨水形成水珠下落，伞裙倾角最合适为 $20°\sim30°$。

3. 终端电场强度设计

终端电场强度分布与修理接头一样，内部有多个绝缘界面，采用公式计算很难比较准确地获得应力锥增强绝缘内、电缆与增强绝缘界面等电场强度。通常采用有限元仿真计算的方法计算终端电动势分布、电场强度分布等。某交流充油终端电场仿真计算结果、某交流 GIS 终端电场仿真计算结果分别如图 3-39、图 3-40 所示。

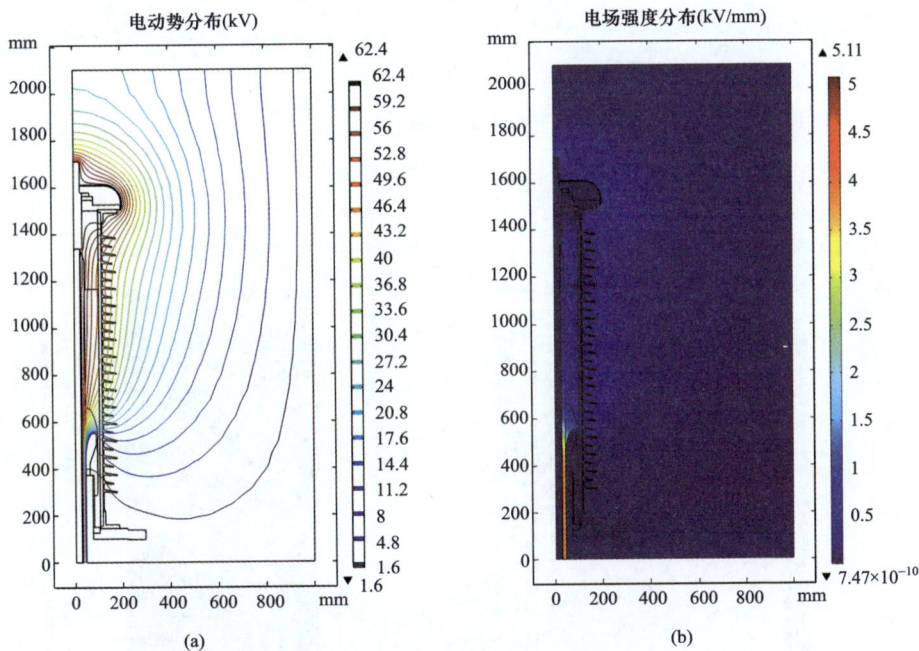

图 3-39　某交流充油终端电场仿真计算结果
（a）电动势分布；（b）电场强度分布

对于直流终端，其与接头设计一样，需考虑终端增强绝缘材料与海底电缆绝缘材料的匹配问题，两者不匹配容易造成终端故障。某直流充油终端电场仿真计算结果如图 3-41 所示。

电动势分布(kV)

电场强度分布(kV/mm)

(a)

(b)

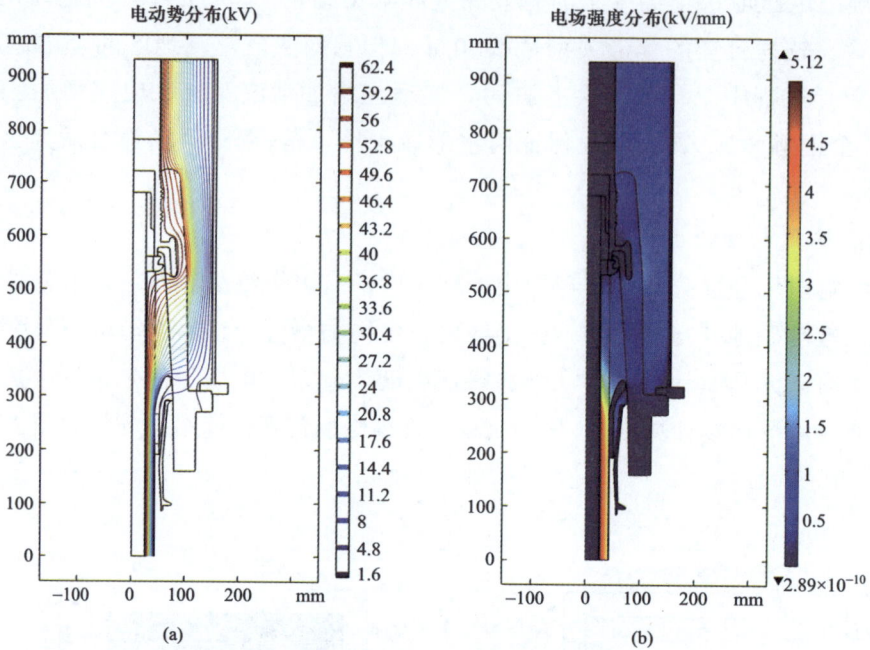

图 3-40 某交流 GIS 终端电场仿真计算结果

（a）电动势分布；（b）电场强度分布

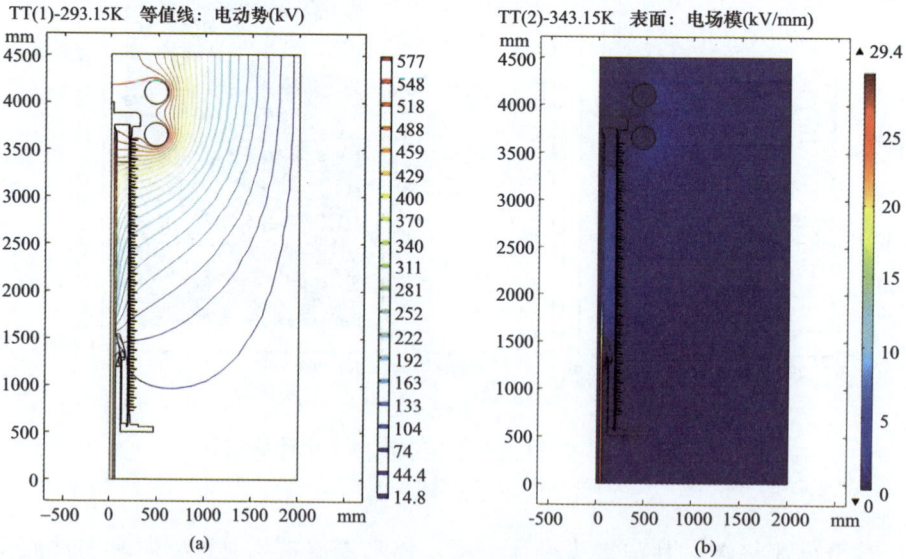

TT(1)-293.15K 等值线：电动势(kV)

TT(2)-343.15K 表面：电场模(kV/mm)

(a)

(b)

图 3-41 某直流充油终端电场仿真计算结果（一）

（a）电动势分布；（b）电场强度分布（常温）

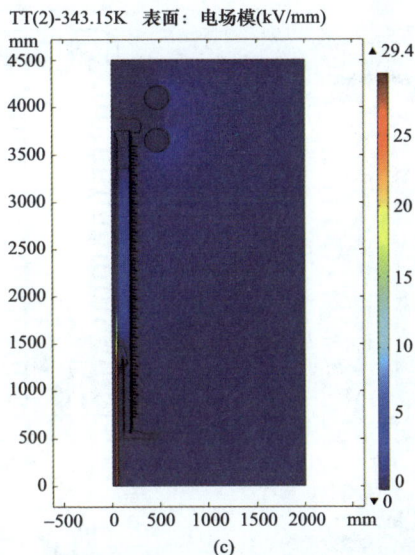

图 3-41　某直流充油终端电场仿真计算结果（二）

（c）电场强度分布（高温）

3.4.3　终端结构

下面介绍典型的户外终端、GIS 终端、可分离连接器结构。

1. 户外终端

户外终端是指在受阳光直接照射或暴露在气候环境下或两者都存在的情况下使用的电缆终端。高压 XLPE 绝缘电缆的户外终端基本使用预制式结构，户外终端结构（无环氧结构）示意如图 3-42 所示。

户外终端一般由六部分组成：

（1）应力锥：均匀终端中电缆外屏蔽切断处电场分布，一般采用乙丙橡胶或硅橡胶预制成型。

（2）绝缘填充剂：绝缘填充剂填充电缆与外绝缘套管中的空隙，应与相接触的绝缘材料及结构材料相容，因此其应根据应力锥的材料合理选择，避免液体绝缘填充剂和应力锥发生溶胀，常用的液体绝缘填充剂有硅油和聚异丁烯。

（3）外绝缘：实现终端与空气界面绝缘和终端结构支撑，主要依据使用场合选择瓷套管和复合套管，还应按照海拔、使用环境的盐雾和污秽程度设计伞裙的结构和爬电比距。

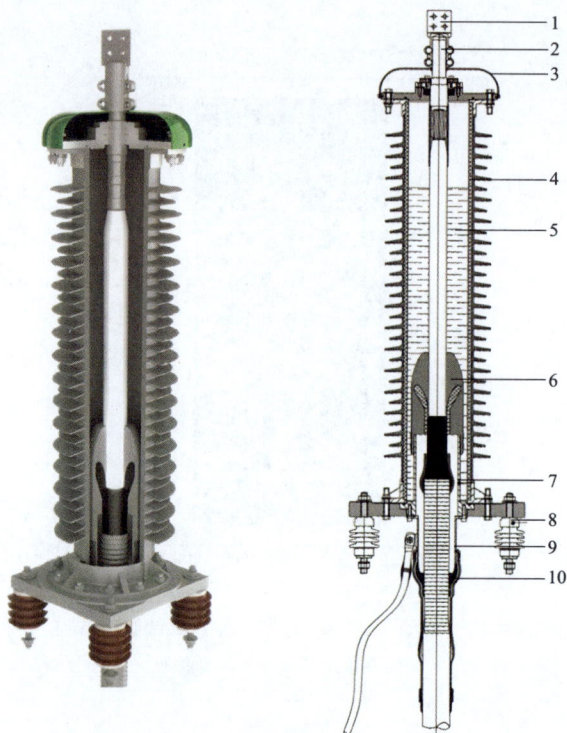

图 3-42　户外终端结构（无环氧结构）示意

1—出线金具；2—导电杆；3—屏蔽罩；4—套管；5—绝缘填充剂；

6—应力锥；7—密封套；8—支撑绝缘子；9—尾管；10—封铅

（4）密封结构：防止终端内部介质泄漏和防止外部水分潮气侵入，主要包括套管上下的密封、电缆的密封。

（5）金具：电缆与电缆或电缆与其他设备连接，电缆自身接地和密封用部件。包括出线金具、屏蔽罩和尾管等。

（6）支撑绝缘子：终端支撑，同时实现终端与大地的绝缘。

在有些户外终端结构中，为了提高预制应力锥表面与电缆表面的接触压力，以提高绝缘性能，在预制应力锥外部增加了环氧绝缘件，底部用弹簧压紧装置，通过螺栓调整压力，使预制应力锥表面牢固压在环氧件和电缆绝缘上，克服了应力锥由于材料老化带来的弹性松弛、应力锥与电缆外半导电层接触不良等隐患，从而提高绝缘性能。此外，环氧绝缘件隔绝了预制应力锥和液体绝缘填充剂之间的接触，可以有效地避免溶胀的可能性，户外终端结构（含环氧绝缘件）示意如图 3-43 所示。

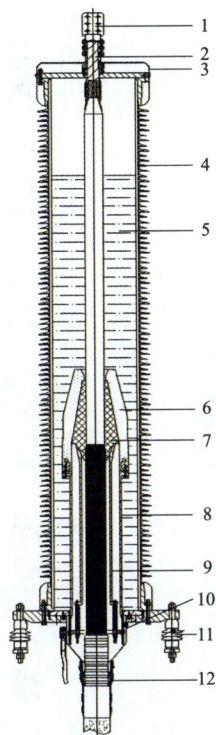

图 3-43 户外终端结构（含环氧绝缘件）示意

1—出线金具；2—接线柱；3—屏蔽罩；4—套管；5—绝缘填充剂；6—应力锥罩；7—应力锥；
8—密封套；9—弹簧预紧装置；10—尾管；11—支撑绝缘子；12—封铅

全预制干式终端（也叫干式柔性终端）是一种应力锥、内外绝缘、伞裙为一体的终端；终端为柔性结构，具有较好的抗震和防爆特性，主要用于不便搭建户外终端支撑平台的特定场合，使用时应注意不得使其弯曲受力。全预制干式终端一般采用硅橡胶为原材料，全预制干式终端结构示意如图 3-44 所示，主要用于 110kV 及以下电压等级电缆系统中。

2. GIS 终端

GIS 终端是安装在 GIS 设备电缆舱内部以气体为其填充介质的电缆终端，气体一般采用 SF_6。GIS 终端有标准的尺寸，以与 GIS 设备制造商生产的 GIS 电缆舱相适配，同一电压等级一般有长型和短型两种尺寸（参照 IEC 60859 和 IEC 62271）。GIS 终端结构紧凑，不受海拔和外界环境的影响，在高海拔地区、污染地区和城市中心，越来越得到广泛应用。干式绝缘 GIS 终端结构示意如图 3-45 所示。

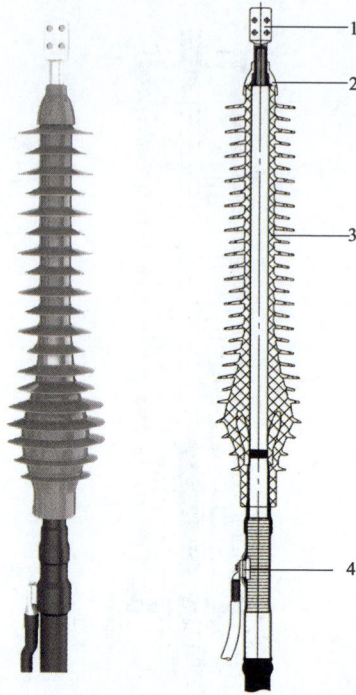

图 3-44 全预制干式终端结构示意

1—出线金具；2—密封管；3—预制橡胶件；4—接地块

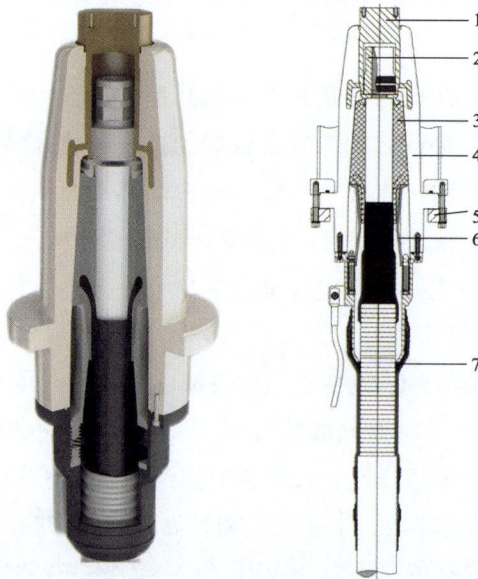

图 3-45 干式绝缘 GIS 终端结构示意

1—高压导体；2—触头；3—应力锥；4—环氧套管；5—法兰；6—弹簧压紧装置；7—封铅

GIS 终端一般由五部分组成：

（1）应力锥：起改善电缆终端电场分布的作用，一般在工厂中把乙丙橡胶或硅橡胶预制成型。

（2）环氧绝缘件：起绝缘、与 SF_6 气体隔离作用。

（3）弹簧压紧装置：用来给应力锥一定的压力，使其牢固压在环氧绝缘件及电缆绝缘上，从而提高绝缘性能。

（4）密封结构。

（5）金具：包括出线金具、连接金具和尾管等。

3. 可分离连接器

可分离连接器又称插拔头，主要用于 66kV 及以下电压等级的海底电缆与风机等设备连接。目前可分离连接器多采用屏蔽型结构，外表面完全屏蔽。采用三层复合成型，复合式屏蔽外屏，电阻值小、导电性能好，可实现可靠接地，实现可触摸；增强绝缘层采用一体式注射完成，绝缘性能可靠，安装方便。其可以承受严苛环境的考验，无须维护。可分离连接器结构示意如图 3－46 所示。

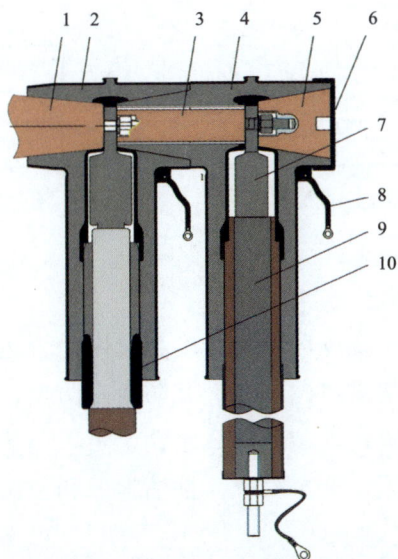

图 3－46　可分离连接器结构示意

1—套管；2—前插头；3—连杆；4—避雷器插头；5—堵头；6—护帽；
7—端子；8—接地线；9—避雷器；10—应力锥

3.4.4　终端安装

终端现场安装是接头安全运行至关重要的一个环节，现场安装质量好坏直接决定终端的性能是否满足使用要求。以下就户外终端和 GIS 终端的安装进行介绍，户外终端、GIS 终端安装流程分别如图 3–47、图 3–48 所示。

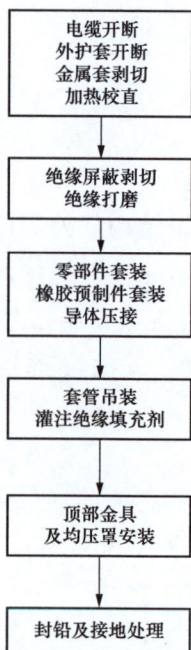

图 3–47　户外终端安装流程

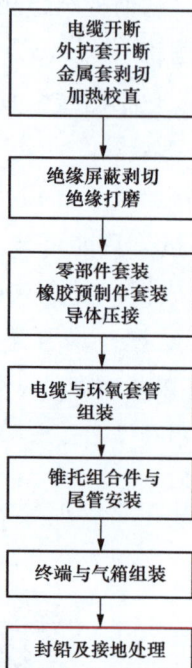

图 3–48　GIS 终端安装流程

1. 施工环境要求

安装前，首先要确认现场环境的温度和湿度是否达到安装要求；然后搭建封闭式的安装棚架，棚架需搭建牢固，并防风、防尘、防潮。在组装前，棚架内再铺设一层防静电薄膜，内装移动式空调，可以调节棚架内温度和湿度。进入棚架内的施工人员，须全部穿着一次性洁净服和劳保鞋，确保安装环境的洁净度。

2. 户外终端安装步骤和工艺

（1）去除海底电缆接头处铠装钢丝、金属护套，对海底电缆本体进行加热处理，去除应力。一般加热温度为 75～80℃，然后校直自然冷却。

（2）去除电缆绝缘屏蔽并处理绝缘屏蔽断口，打磨电缆绝缘。绝缘屏蔽断口应满足图 3-33 的要求。

（3）将热缩管、尾管、下法兰、密封圈、密封套等材料套装到电缆上。将应力锥套入海底电缆并进行导体连接。此步骤为安装关键步骤，必须按要求严格保持现场清洁度、控制室温湿度。应力锥安装和导体压接如图 3-49 所示。

（4）将套管吊装至电缆顶部并缓慢下放安装到下法兰上，锁紧螺栓，灌注绝缘填充剂，套管吊装、灌注绝缘填充剂如图 3-50 所示。

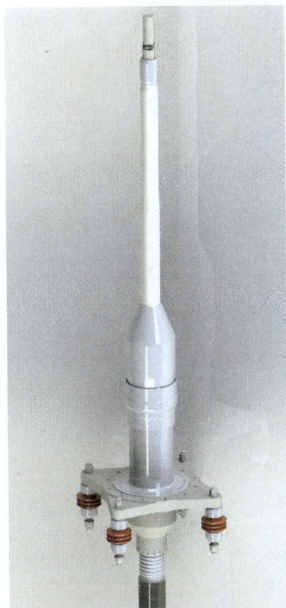

图 3-49　应力锥安装和导体压接

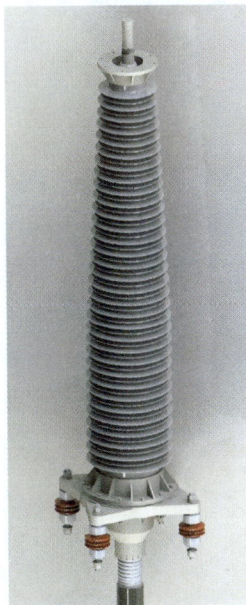

图 3-50　套管吊装、灌注绝缘填充剂

（5）安装顶部金具及均压罩（见图 3-51）。

（6）封铅及接地处理（见图 3-52）。

3. GIS 终端安装步骤和工艺

装配式 GIS 终端安装步骤和工艺如下：

（1）电缆前期处理方式与户外终端相同。

（2）待电缆内处理完成后，将热缩管、尾管、密封圈、连接法兰等材料套装到电缆上。将应力锥套入海底电缆并进行导体连接。此步骤为安装关键步骤，必须按要求严格保持现场清洁度、控制室温湿度。应力锥安装和导体压接如图 3-53 所示。

（3）将套装好应力锥的电缆插入环氧套管内，并锁紧电缆线芯固定螺母，电缆与环氧套管组装如图 3-54 所示。

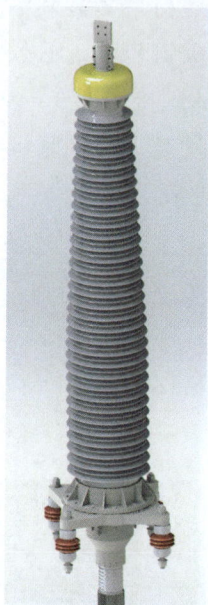

图 3-51 顶部金具及均压罩安装

图 3-52 封铅及接地处理

图 3-53 应力锥安装和导体压接

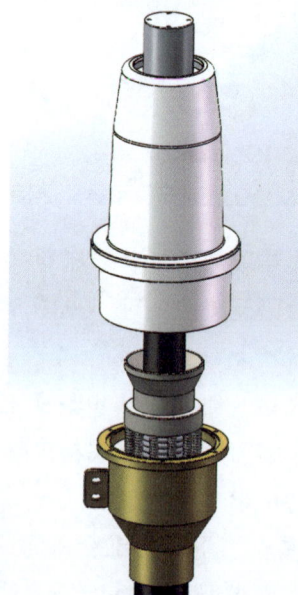

图 3-54 电缆与环氧套管组装

（4）安装锥托组合件和尾管（见图 3-55）。

（5）将 GIS 终端整体安装到开关气箱内（见图 3-56）。

（6）封铅及接地处理（见图 3-57）。

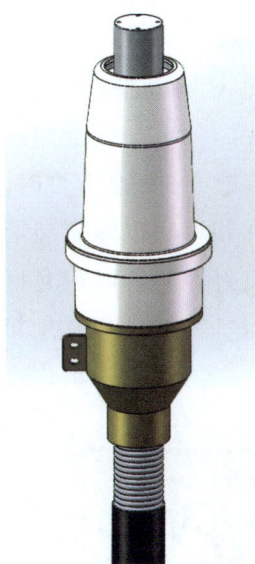

图 3-55　锥托组合件
与尾管安装　　　　　图 3-56　终端与气箱组装　　　图 3-57　封铅及接地处理

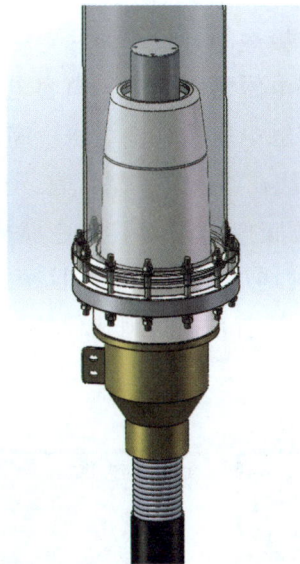

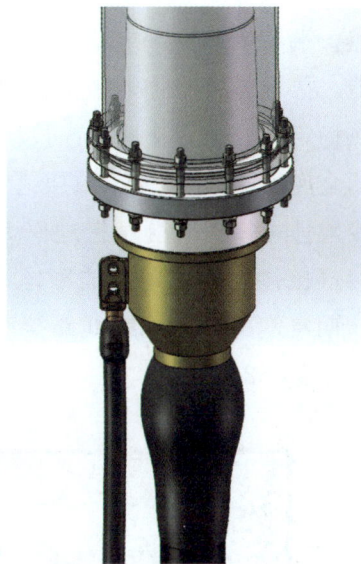

对于插拔式 GIS 终端，可以先将环氧套管安装到开关气箱内，再安装 GIS 终端其他部件，这样可不用将 GIS 终端完全组装好之后再与气箱组装，施工难度低，但需要将 GIS 终端封铅下的电缆固定夹紧固好，避免运行过程中因电动力等导致电缆松脱从而引发故障。

》 3.5　附　属　设　备 《

很多附属设备用于海底电缆作为系统接地、结构整合、安全固定器件，以下简要叙述几种附属设备产品情况。

3.5.1　接地箱

海底电缆金属护层和铠装层在电缆线路两端宜分别引出接地线，两者相互独立，分别三相互联后直接接地。单芯海底电缆防腐层应能耐受金属护层上的感应电压，电缆线路较长时，应采取措施限制金属护层上的感应电压。外护层采用绝缘材料分段接地的形式时，登陆段和陆上段金属护层上的工频感应电压不应超过300V，海域段金属护层上的工频感应电压不宜大于1000V。当陆上段海底电缆金属护层任一点正常感应电压小于以上要求时，可采用海底电缆登陆点一端直接接地，末尾一端保护接地的方式。海底电缆接地体应具有耐腐蚀性能。接地体应符合电缆金属护层电磁感应电流、电容电流、短路电流动稳定和热稳定的要求，接地点应校核接触电压和跨步电压，满足相关要求。海底电缆的金属护层和架空线路的架空地线在终端站（塔）宜分开接地；在条件允许时，接地体可接入终端站接地网。海底电缆锚固装置金属构件和海底电缆铠装层应直接接地。接地箱的箱体不宜选用铁磁材料，且密封良好，必要时应允许长期浸泡。海底电缆线路接地主要有直接接地和保护接地海底电缆系统接地箱如图3-58所示。

图3-58　海底电缆系统接地箱

（a）直接接地箱；（b）保护接地箱

3.5.2　弯曲限制/保护装置

一般情况下，要保证海底电缆在任意工况下的实际弯曲半径不小于其自身的最小弯曲半径。为了支撑海底电缆，保证其在各类工况下不发生弯曲失效，需要在其关键部位安装弯曲限制/保护装置对其进行保护。常见的弯曲限制/保护装置主要包括三种，分别是喇叭口、防弯器和限弯器。

1. 喇叭口

喇叭口是一个形状类似于喇叭的中空结构物，喇叭口实际应用如图3-59所示。从图3-59可以看出，喇叭口包括一个入口和一个出口，入口相对于出口小很多。海底电缆可以从喇叭口入口进入再从出口延伸出去。当海底电缆发生弯曲变形时，海底电缆会与喇叭口的内壁贴合，使得其在外部荷载的继续作用下，不再产生过度的弯曲变形。

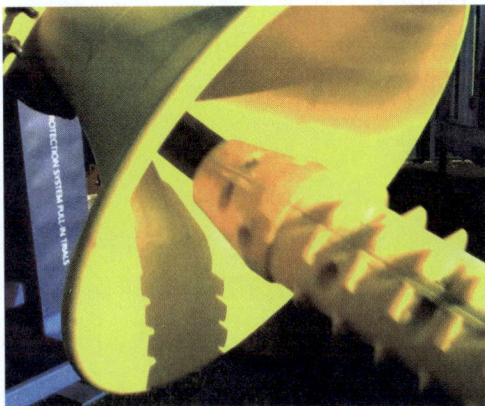

图 3-59　喇叭口实际应用

喇叭口所用材料一般为金属材料（以碳钢为主），也有一部分喇叭口是用复合材料制备而成的。金属喇叭口相比其他由聚氨酯材料制成的弯曲限制/保护装置的优势在于其可以抵抗较高温度。一般情况下，实际的工程应用都会在金属喇叭口的内表面涂敷一层高分子材料，这种高分子材料可以有效地避免海底电缆在与喇叭口的接触过程中产生的摩擦与磨损。

2. 防弯器

防弯器是一种类似圆锥形的非金属弯曲保护装置，防弯器实际应用如图3-60所示。一般情况下，防弯器可以分为两段式、三段式和多段式三种。防弯器一般是由聚氨酯弹性体制备而成，这种材料具有良好的抗腐蚀、抗老化、抗磨损等优异性能。在防弯器较粗一端的内部，一般都会预埋一个金属法兰盘和螺栓，通过螺栓可以将防弯器连接到海底电缆接头或浮体上。

图 3-60　防弯器实际应用

一方面，防弯器可以通过增加海底电缆的局部刚度，有效地防止海底电缆在静态应用时发生过度弯曲。另一方面，防弯器还可以抑制海底电缆在动态应用过程中的曲率突变，提高海底电缆的抗疲劳性能。由于防弯器具有易安装、占地小、抗疲劳等优秀的特点，因此它是应用最为广泛的海洋海底电缆弯曲限制/保护装置之一。对于任意一根动态应用的海底电缆，都需要在其与浮体的连接处安装防弯器，以保证其在剧烈的风、浪、流等外部荷载的作用下不发生过度弯曲失效以及疲劳失效。

3. 限弯器

限弯器在功能上与喇叭口相同，是用来防止海底电缆发生过度弯曲导致弯曲破坏的弯曲限制装置之一。根据所选用材料不同，可将限弯器分为金属限弯器、聚合物限弯器和混合型限弯器三类，其中金属限弯器所用材料一般为碳钢材料，而聚合物限弯器所用材料与防弯器类似，采用聚氨酯弹性体。但是由于防弯器和限弯器在功能上的要求不同，因此对其材料性能要求也大相径庭。无论是金属限弯器还是聚合物限弯器，它们都是由一系列相同形状及尺寸的圆筒形子结构组合而成，限弯器实际应用如图 3-61 所示。限弯器相邻的两个子结构之间都有固定的旋转余量，当相邻的子结构通过相对旋转锁合到一起后，限弯器达到锁紧状态，此时其整体的弯曲半径即为限弯器的锁合半径。与防弯器的限弯模式不同，当海底电缆的弯曲半径未达到限弯器的锁合半径时，限弯器对海底电缆没有任何作用。当海底电缆的弯曲半径达到限弯器的锁合半径后，限弯器的子结构会锁合在一起，整个限弯器变成一个刚性结构，这时限弯器才

图 3-61　限弯器实际应用

开始对海底电缆的继续弯曲起到限制作用。限弯器的锁合半径是根据海底电缆的最小弯曲半径设计而来的，一般要求限弯器的锁合半径大于海底电缆的许用最小弯曲半径。

限弯器适用于静态海底电缆的弯曲保护，对于动态海底电缆，限弯器对其在交变荷载作用下的疲劳损伤没有任何抑制效果。所以，限弯器通常安装在海底电缆静态部位中最容易发生弯曲破坏的地方，其中包括海底电缆的自由段、井口连接处、管道末端连接处以及海底电缆浮筒过渡段等位置。

以上三种弯曲限制/保护装置各有所长，在海底电缆的应用中都发挥着各自的作用。通常情况下，一根管缆需要配备这三种弯曲限制/保护装置，同时，这三种弯曲限制/保护装置又相互配合，以满足不同环境下的海底电缆需求。

3.5.3　锚固装置

海底电缆可根据需要采用锚固装置固定。海底电缆的锚固装置应布置在地质稳定的浅滩、岸边或结构牢固的平台上。锚固装置应能有效固定海底电缆，并应具有较强的抵御风浪冲击的能力和较好的耐海水腐蚀性能，安装与维护方便、功能可靠。单芯交流海底电缆锚固夹具采用的金属材料应使用非磁性材料。固定或移动平台中垂直悬挂电缆的自重通过锚固装置来承载。锚固装置为电缆铠装层与平台间采用高强度设计的法兰结构件，此法兰结构件将电缆铠装层夹紧，以承载机械负荷。具有铅套或铜套和塑料护套的电缆芯通过锚固装置向上至电缆终端。锚固装置典型结构如图 3－62 所示。

(a)   (b)

图 3－62　锚固装置典型结构
(a) 海底电缆与平台连接锚固装置；(b) 海底电缆登陆用锚固装置

3.5.4　J型管

工程实践通过按其"J"形命名的J型管将电力电缆向上引至固定平台甲板，J型管的头部向下至海底，而其上端至平台最低甲板下面或上面位置。按其形状成为喇叭口的下部开口通常从平台支撑架引导朝上，此喇叭口可在海底下面或稍高于海底。电缆安装时，用拉绳通过喇叭口拉住电缆向上至平台。

为保证顺利地安装电缆，J型管头部半径应明显大于电缆最小弯曲半径，且J型管直径至少应是电缆直径的1.5倍。安装时，增加一些结构材料比因电缆阻塞和敷设时采用费用昂贵的电缆敷设船更为便宜。通常每根J型管放一根电缆，但也有两根和四根电缆的情况。大多数J型管保持底部开口，有些J型管在电缆周围塞住，以保持内部有防腐液体。

应特别注意J型管中海底电缆的热性状况。充水的J型管中，电缆与J型管壁间靠对流传热。对流传热取决于环形间隙的大小，且难以用数学计算。当J型管中有空气漏入时，上部充气部分的情况更差。顶部和底部开口的空气柱产生烟囱效应会大大改善其热的状况。从防腐要求考虑，开口处应不靠近泼溅区。近海风电场有些中央平台有大型J型管，可容纳连接大量分离的风力发电机的电缆。

4

海底电缆制造设备及工艺

交联聚乙烯（XLPE）绝缘海底电缆在生产制造过程中，需要经过多道工序的流转制造。导体用铜单丝拉制需要使用铜大拉机，将铜杆拉制成指定要求的铜丝；阻水导体绞合使用框式绞线机和绕包机，将铜丝绞制成紧压圆形导体结构，导体内部填充阻水材料，最外层导体绕包半导电带；导体除潮和交联线芯除气采用专用旋转加热托盘；交联线芯生产采用悬链式连续硫化（CCV）或立式连续硫化（VCV）交联生产线，实现导体外导体屏蔽、绝缘和绝缘屏蔽三层共挤，保证大长度 XLPE 海底电缆线芯稳定生产；海底电缆线芯外金属铅套和非金属套挤制采用挤铅机和挤塑机设备实现连续生产；多芯海底电缆交流光纤复合、成缆和金属丝铠装可采用立式成缆铠装机组实现，单芯交流或直流海底电缆的光纤复合和金属丝铠装都采用金属丝铠装机组实现；最终成品海底电缆存储设备则采用大型地转托盘承载，同时使用带存储托盘的专用敷设船进行水上运输。

» 4.1 制 造 设 备 «

4.1.1 铜大拉机

拉丝工艺一般有圆线、型线、扁线等，海底电缆导体用圆金属单线需要经过多次拉伸，常用的设备是带连续退火功能的多模滑动式拉丝机，简称铜大拉机，典型铜大拉机如图 4-1 所示，铜大拉机参数见表 4-1。

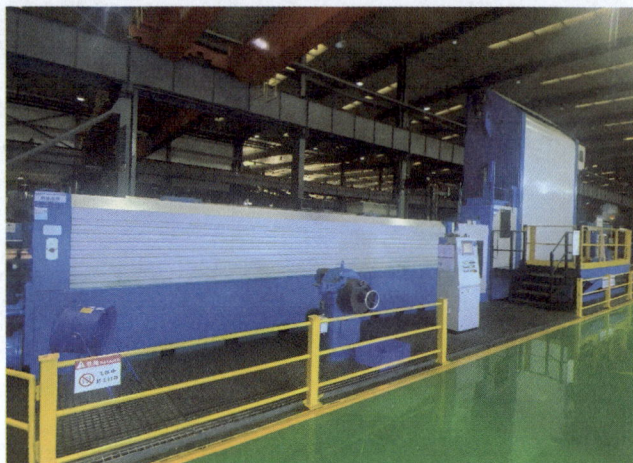

图 4-1　典型铜大拉机

表 4-1　　　　　　　　　　　典型铜大拉机参数

进线铜线坯直径	最大进线铜线坯直径	12.8mm
产品型号	圆形铜线单丝直径	1.8～4.5mm
		4.5～6.2mm
	梯形线总面积	35mm²
	异形线（宽度×高度）	7×2.5～9×3mm
生产速度（最大速度）	圆形铜线单丝（直径1.8～4.5mm）	25m/s
	梯形线	4m/s
	异形线	4m/s

4.1.2　框式绞线机

导体绞合是将拉制好的单丝绞合成规定截面积的海底电缆导体的工艺过程。采用绞合导体可提高海底电缆的柔软性和可弯曲性能，高压海底电缆一般采用具备纵向阻水性能的绞合导体。导体绞合设备种类很多，从结构上分有框式、笼式、盘式、叉式、管式、筒式、无管式和跳绳式等绞线机；从绞合根数分类，主要有 61、91、127 盘等绞线机。大截面的海底电缆导体绞合一般采用 91 盘或 127 盘框式绞线机，简称框绞机。

框绞机主要包含绞体、并线模架、牵引、绕包和收线装置，根据所生产导体的截面积，可配置不同数量的放线盘。国内最大框绞机生产的线绞体为 6 段，放线盘数量可达到 127 盘，最大可实现截面积为 3500mm² 导体的生产。典型框绞机如图 4-2 所示。

图 4-2　典型框绞机

框绞机主要组成部分介绍如下：

（1）分段式放线绞体。根据绞线的层数和每层的单线根数，绞线机一般设有多段分别旋转的绞体，适宜绞制各层根数不同、绞向不同的绞线。分段式放线绞体是绞合设备的主体，放线盘比较多，占绞合设备整体的大部分。

（2）并线模架。每段绞体后面都需并线模架，用于安装绞线模具，为并线、紧压提供支撑。

（3）牵引装置。框绞机的动力部分，采用电动机来带动机械运动，有单牵引和双牵引两种型式，海底电缆用绞合导体主要采用双牵引。

（4）收线装置。有单独拖动的力矩电机收线，也有机械传动的收线和滑车式收线。

此外，还有电气、液压、气压控制装置和分线板、压模、压型、预扭、纵包、绕包、自动停车等装置。

4.1.3　导体旋转加热托盘

托盘应根据海底电缆各工序制造长度、质量及工艺质量要求进行定制，例如导体用托盘不仅要考虑承重和弯曲半径，还要考虑避免导体中的阻水材料吸潮。导体最外层应绕包一层非吸湿性包带，确保在进入下一道工序之前，导体外表面或半导电绕包带不受外伤。值得注意的是，导体绞合后应尽量降低储存时间，避免导体氧化及包带吸潮。

由于海底电缆生产基地一般需要临近江河，空气湿度较大，若同时遇到阴雨天气时，导体中的阻水材料由于长时间放置会吸潮变质影响绝缘性能，这就要求旋转托盘具有加热除潮功能。常用的导体除潮设备有专用电加热烘房、旋转式鼓风加热转盘等。典型导体旋转加热托盘如图 4-3 所示。

图 4-3　典型导体旋转加热托盘

4.1.4　交联生产线及除气设备

1. 三层共挤 VCV 生产线

立式连续硫化（VCV）生产线包括 U 形、L 形、V 形几种，该生产线具有垂直布局的特点，可以从根本上解决绝缘因重力作用下垂造成的偏心，可以较为方便和快捷地调节和控制绝缘偏心度，在电压等级越高、绝缘厚度越大的海底电缆上，效果越明显，但 VCV 生产线的初始投资较大，需要建造立塔，塔高一般在 100m 以上，一座立塔内可配置若干条 VCV 生产线，截至目前，最大的立塔可以做到一塔 6 条 VCV 生产线。VCV 生产线的核心装备是三层共挤生产设备，通过绝缘料和半导电屏蔽料在洁净条件下三层一次性挤出，保证绝缘线芯具有良好的电气绝缘性能。典型三层共挤 VCV 生产线立塔内景如图 4-4 所示。

图 4-4 典型三层共挤 VCV 生产线立塔内景

2. 三层共挤 CCV 生产线

悬链式连续硫化（CCV）交联生产线装备不受厂房高度的限制，可以根据常规厂房进行设计，包括主机、净化、交联管长度等，具有初始投资小、生产效率高等特点。但是在生产过程中未交联的聚乙烯树脂会在硫化管中受热下垂，造成偏心度过大。目前德国特乐斯特和芬兰麦拉菲尔公司的高压悬链式硫化生产线在绝缘偏心度的控制水平已经可以接近 VCV 生产线的水平，特乐斯特的圆度稳定系统和麦拉菲尔的进端热处理装置技术均采用在上端密封和第一段硫化管中，通过充入氮气对绝缘表面进行冷却的方式，使绝缘产生向内的收缩以减小下垂，同时配合前后双旋转牵引，使绝缘线芯在硫化管中稳定旋转，防止绝缘沿同一方向流动下垂，从而保证线芯的偏心度。典型三层共挤 CCV 生产线如图 4-5 所示。

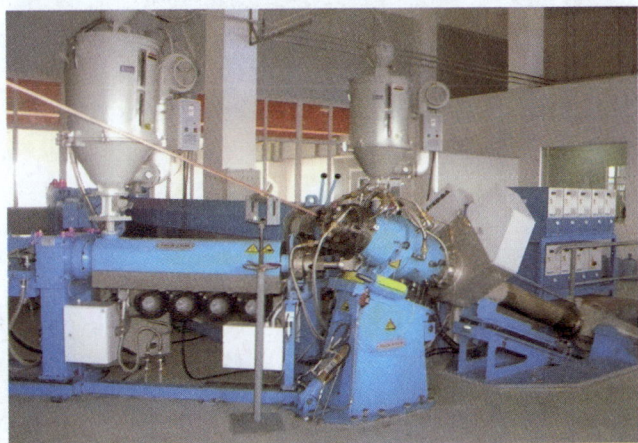

图 4-5 典型三层共挤 CCV 生产线

3. 大长度除气设备

一般海底电缆除气设备分为盘具专用除气烘房和地转盘式除气烘房两种。盘具专用除气烘房由储热烘房、地面轨道、装盘轨道车、成缆托盘、加热装置和电气控制系统组成，其优点在于结构设计简单、占地空间小、设备初始投资少等，适用于短段陆缆和海底电缆绝缘副产物除气处理。地转盘式除气烘房主要应用于大长度海底电缆和海底电缆线芯除气，由地转盘本体、缓冲垫层、保温层、电加热装置、热导流系统以及电气控制系统组成，其优点有设备空间充足、性能稳定、温控准确、除气效率高等，但设备初始投资较大。由于海底电缆生产模式以大长度生产为主，所以除气设备多采用地转盘式除气烘房。

按照加热方式分类，除气烘房可分为电加热和蒸汽加热两种。电加热方式采用电加热箱作为加热装置，以鼓风机作为主要热导流设备，利用热传导法由热空气慢慢渗透海底电缆中去逐渐排出气体，电加热具有设备安装方便、温控准确、工艺成熟等优点，但设备使用成本较高。蒸汽加热利用管道蒸汽作为热源，以加热瓦作为加热装置，同样采用鼓风机作为主要热导流设备，其优点为使用成本低，但初始设备改造成本较大。典型地转盘式除气托盘如图4-6所示。

图4-6 典型地转盘式除气托盘

4.1.5 铅套挤包

海底电缆挤铅机设备主要由熔铅炉、主机、冷却系统、电气控制系统、温度控制系统、放线和收线装置等部分组成，典型挤铅机机组如图4-7所示。主机分为模座、机身、传动机构、主电动机、底座等。主电动机采用直流电动机，电动机与齿轮之间有保险锁。机头有液压机构用于调整铅层厚度和更换模具。

出口铅管的厚度由四只调节螺栓调节，在出口处有冷却水管用来快速冷却铅套，以保证得到细密的晶体组织。

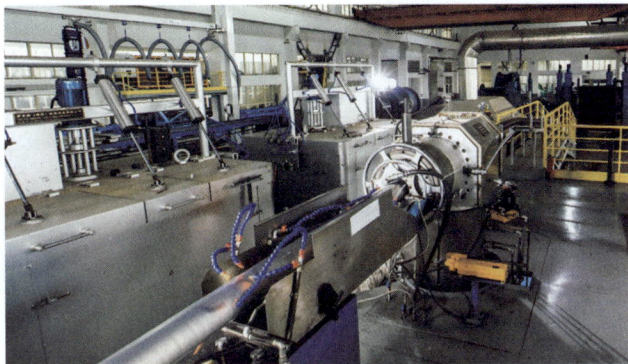

图4-7 典型挤铅机机组

机身由螺套和螺杆组成，螺套内有凹槽，螺套外有电热器槽可安装电热器及螺旋冷却水管，以便调整和控制机身上下各部分的温度，使进入机身的液体经冷却凝固后被挤出。机筒外套有封闭式冷却水槽，机筒内孔设计为锥形，设有数条纵向凹槽，迫使铅顺槽上移，使铅液顺利流出。螺杆呈锥形，有等距不等深的螺纹，螺杆前部细且螺槽深，使螺杆推力面增大，铅受到较大的挤压力被挤出。设备加热形式为电加热，冷却形式为机身水冷却。挤铅机各区参考温度设置见表4-2。大长度连续铅套挤出设备及工艺在本章4.4详细进行讲解。

表4-2 挤铅机各区参考温度设置

区域	模座	机身上部	机身下部	输铅管	熔铅炉	冷却水
温度（℃）	270～290	210～240	250～270	360～380	370～400	≤35

注 根据铅合金牌号进行合理调整。

4.1.6 内护套挤出

挤塑生产线通常由放线装置、挤塑主机、冷却装置、火花试验机、计米器、牵引装置和收线装置组成，护套挤出机组如图4-8所示。挤出螺杆是挤塑机的关键，其起输送护套料和挤压、塑化、成型的重要作用，常用的螺杆有渐变型（等距不等深或等深不等距）、突变型、鱼雷型等。挤出温度可根据材料、挤塑机型号、环境温度、挤出速度、外径、厚度等因素调整。挤出模具选择是控制挤包质量的关键参数，根据产品不同，模芯和模套配合方式主要有挤压式、挤管式、半挤管式，高压海底电缆护套多采用挤管式模具。海底电缆的护套挤出设备一般采用与挤铅设备串联的方式。

图 4−8　护套挤出机组

4.1.7　光纤复合及铠装

多芯海底电缆内护套缆芯挤出后，还需要经过最后一道成缆铠装工序实现最终成品的制造。成缆是指在立式成缆机上将几根绝缘线芯绞合在一起，并用填充材料填充圆整，光纤复合海底电缆需要在成缆过程中添加光纤单元，然后用包带绕包的操作过程。多芯海底电缆一般采用成缆、内衬层、钢丝铠装、沥青涂覆、外被层同时串联生产的方式。单芯海底电缆则无须进行立式成缆工序，但在光单元复合成缆过程中，也需要使用填充材料将光单元一起绞合缠绕到单芯缆芯表面，并制作内垫层；内垫层有绑扎、缓冲与保护海底电缆的作用，一般使用材料为聚丙烯纤维绳。典型立式成缆铠装设备参数见表 4−3，立式成缆机如图 4−9 所示，铠装机如图 4−10 所示。

表 4−3　　　　　　　　　　典型立式成缆铠装设备参数

设备	设备参数					
	最大外径	放线盘具尺寸	节距调控	最大线速度	钢丝放线盘	铠装绞笼
立式成缆铠装机 1	300mm	机转盘为 ϕ24000mm，具有 3 个 ϕ8800mm 转盘，3 个 ϕ3150mm 旋转线盘和 6 个 ϕ3150mm 固定线盘	1000～10000mm	20m/min	ϕ800mm	共 150 盘，70＋80

设备	设备参数					
	最大外径	放线盘具尺寸	节距调控	最大线速度	钢丝放线盘	铠装绞笼
立式成缆铠装机2	300mm	机转盘为φ24000mm，具有 3 个φ8800mm 转盘，3 个φ3150mm 旋转线盘和 6 个φ3150mm 固定线盘	1000～10000mm	20m/min	φ800mm	共 170 盘，80＋90

图 4-9　立式成缆机

图 4-10　铠装机

4.1.8　储存和运输

海底电缆成品长度长、外径大、质量重，通常可采用固定式储缆池和智能旋转收线转盘两种形式进行储存。其中，旋转收线转盘可实现海底电缆无扭转储存，即海底电缆在收入转盘时，其转盘可与海底电缆同步转动，避免海底电缆本体扭转及受力损伤，一般适用于大规格、大长度高压海底电缆的生产储存。国内常用海底电缆收线转盘如图 4-11 所示，转盘直径通常为 20～40m，可承重 4000～15000t，满足大长度海底电缆的收线使用需求。转盘包含中心托盘、排线架和大功率牵引装置，中心托盘包括支撑底座、回转支撑轴和小转盘，排线架由龙门导辊支架、排线位置移动装置构成，牵引装置分上、下平带牵引两种型式，以气动方式实现压紧和张紧，具备正转和反转功能。

图 4-11 国内常用海底电缆收线盘

海底电缆的运输及施工船舶也须采用转盘形式，才可实现大长度海底电缆的正常敷设施工，海底电缆运输及施工如图 4-12 所示。通常的海底电缆运输采用船运或是特定的海底电缆施工船，在海底电缆制造厂家码头装船，海底电缆从工厂的缆池中通过倒缆架输送到海底电缆施工船上。由于船上一般装备履带牵引机、退扭架、海底电缆仓或盘缆架等专业设备，海底电缆所受的牵引张力、侧压力以及最小弯曲半径等都能得到很好的控制，具有速度快、产品质量有保

图 4-12 海底电缆运输及施工

证的显著优势。这种方案的优势是不需要倒缆，避免在倒缆过程中对海底电缆造成伤害。

» 4.2 制 造 工 艺 «

4.2.1 导体绞制工艺

导体绞制就是将若干根直径相同或不同的单线，按一定的方向和规则扭绞在一起，成为一个整体绞合导体线芯的工艺过程。绞合导体线芯具有柔软、结构稳定、可靠性高、强度大等优点。单线从放线盘引出，通过分线板汇集到并线模架处绞合在一起，牵引装置将绞线拖动向前，通过收线装置卷绕到收线盘上或导体旋转加热托盘内。绞合是由被绞合单线绕绞线轴线以绞笼速度（等角速度）旋转和绞线以牵引速度匀速前进两种运动实现的，通过改变这两种运动速度的配合可调整绞线节距。

1. 绞制工艺参数

绞制涉及很多工艺参数，下面以正规绞线为例介绍绞制中的工艺参数，其他绞制工艺可以此为参考。

（1）基圆直径、节圆直径和绞线外径。绞线横截面结构如图 4−13 所示，对于某一绞线层，绞合前芯线直径称为此层基圆直径，以 D_{n-1} 表示，n 为绞合层数，此圆为基圆。单线绞合在直径为 D_{n-1} 的圆柱体上，以单线轴线至绞线轴线的距离为半径的圆为节圆，其直径为节圆直径，以 D_n' 表示；该层绞线的外接圆直径为绞线外径，以 D_n 表示。

（2）螺旋升角、节距和单线展开长度。单线展开图如图 4−14 所示，对某层绞线，单线是以一定角度绞合在芯线上的，该角称为螺旋升角，它是圆单线的轴线与绞线横截面的夹角，用 α 表示。单线绕绞线一周，沿绞线轴向方向移动的距离称为绞线的节距，用 h 表示。一个节距长度绞线的单线实际长度称为单线展开长度，用 L 表示。把由一个节距长度绞线的单线展开，螺旋升角、节距和单线展开长度就构成一个直角三角形，三者之间有如下关系，即

$$h = L\sin\alpha \qquad (4-1)$$

$$\tan\alpha = \frac{h}{\pi D'} \qquad (4-2)$$

$$L = \sqrt{(\pi D')^2 + h^2} \tag{4-3}$$

对于某层相同节圆直径的绞线，节距越小，螺旋升角越小，单线展开长度越长。

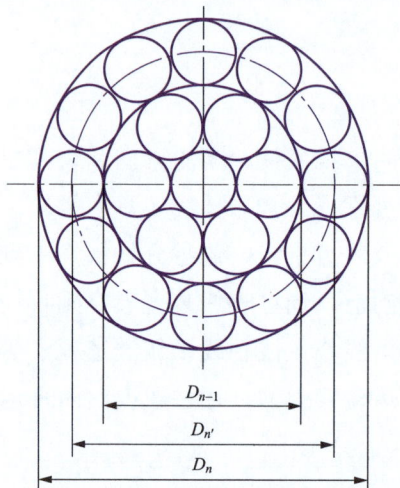

图 4-13　绞线横截面结构

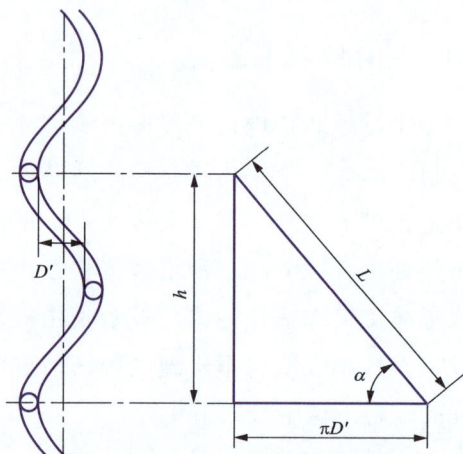

图 4-14　单线展开图

（3）节径比、绞入系数和绞入率。

1）节径比。绞线的节径比是指绞线节距与绞线直径之比。用绞线节距和绞线外径表示的为实用节径比，以 m 表示；用绞线节距和绞线节圆直径表示的为理论节径比，以 m' 表示，其具体计算公式如下

$$m = \frac{h}{D} \tag{4-4}$$

$$m' = \frac{h}{D'} = \pi \tan\alpha \tag{4-5}$$

$$\tan\alpha = \frac{m'}{\pi} \tag{4-6}$$

2）绞入系数。在绞线的一个节距长度上，单线展开长度与绞线节距之比称为绞入系数，用 λ 表示。由图 4-14 可知，某层绞线任一单线的长度与其对应的绞线的长度之比均为绞入系数，这样绞线的某层单线长度即可由绞线的长度和绞入系数求出。若把绞线看成各单线的并联，则其电阻也很容易求出。行业内经常已知节径比，绞入系数与节径比的关系可由图 4-14 推导出，即

$$\lambda = \frac{L}{h} = \sqrt{\frac{(\pi D')^2 + (m'D')^2}{(m'D')^2}} = \sqrt{\frac{\pi^2}{m'^2} + 1} \qquad (4-7)$$

3）绞入率。在绞线一个节距长度上，单线展开长度和节距之差值与节距之比的百分数称为绞入率，用 K 表示。

2. 不同类型的导体绞制

（1）紧压圆形导体的绞制。圆形绞线或绞合线芯在紧压时，绞线层数越少，紧压程度越高。与同规格的常规绞线相比，紧压绞线的外径缩小 8%～10%。其中，7～19 根单线构成的绞线可缩小 10%左右，37 根单线绞成的绞线可缩小 9.5%左右，61 根单线绞成的绞线可缩小 9%左右。

紧压绞线是在同心层绞的基础上（早期有采用分层辊轮压紧工艺）大多采用硬质合金模冷拔紧压绞制圆形线芯，具有质量好、表面光滑度高的优点，其外径控制偏差较小，一般都在 0.03mm 以下，无须经常调整尺寸，对于使用硬质合金模拉拔，须分层拉拔紧压，因而紧压系数（填充系数）可达到 90%～93%，这对于生产高压交联电缆导体优点很明显，对于改善电缆电场均匀分布起到良好的基础作用。近年来，又发展了纳米涂层高硬度光滑紧压模或拉拔模具，纳米涂层模具摩擦系数小，紧压绞制的导体表面更光滑、模具寿命长、生产效率也更高，使用越来越广泛。最新也有采用轧辊轧压（将圆线轧压成型线）进行束绞，即圆形单线经过轧辊轧压后绞制，其填充系数可达到 87%～93%。

对于紧压圆形阻水导体的绞制，应在绞制过程中随单线绞制添加阻水纱或分层绕包阻水带，并采用相应的阻水材料进一步填充紧压圆形导体中间隙，以防止水分渗入。

紧压圆形导体绞制过程，单线将会产生延伸，使得压型后的绞线长度略为增加，表面略有硬化，其直流电阻也略有增加。

（2）型线导体的绞制。一般海底电缆导体主要采用紧压圆形结构，行业内可生产的紧压圆形导体最大截面积为 1800mm²，而对于 2000mm² 及以上大截面积导体而言，除了限于设备因素，导体填充系数也会逐渐下降，给电缆的生产工艺及经济成本均带来负面影响。为满足海底电缆阻水性能要求，一般在导体间隙中填充阻水材料以增大其填充系数，最大可达到 0.92。对于 1000m 及以上大水深海底电缆而言，这种填充系数水平的结构难以满足阻水带使用要求，这时宜选用填充系数更高的型线导体结构。

型线导体与紧压圆形结构的主要区别在于绞合单丝形状不同，如梯形、SZ

形、扇形、瓦形等。一般型线导体填充系数可达到 0.94～0.98，对大截面积导体来说，提高填充系数可以有效降低交流电阻值，提升传输容量；填充系数越高，在一定程度上也说明型线导体的阻水性能更加优异。

3. 工艺控制及质量保障

导体是海底电缆承载电流的主体，海底电缆工程敷设、运维难度大，整体造价高，因此海底电缆导体普遍采用相对昂贵但电阻率低、载流能力高、损耗小的铜材料，以避免二次建设的高成本。另外，海底电缆应用在数十米、数百米甚至上千米水深的环境中，受到海水高静水压的持续作用，内部需填充阻水材料能够实现导体纵向阻水。通常采用紧压圆形结构，以增强结构稳定性，特定情况下，会使用异型铜丝绞制成超高紧压系数的型线绞合导体，以抑制截面积增大带来的导体直径增加和承受更深的应用水深带来的更大静水压。因此，导体海底电缆导体的生产对工艺控制要求较高。具体要求如下：

（1）工艺控制。

1）根据每层紧压系数的配比，精确计算分层紧压模具，模具采用纳米涂层金刚石材质，保证导体紧压效果不松散。

2）放线张力自动调节，保证单丝不被拉细。

3）阻水带材一般采用纵包或绕包方式，阻水胶一般采用注胶方式，充分填充导体间隙无空缺，阻水性能应满足标准要求。

4）导体绞合单丝节距严格按照工艺控制，节径比不超过规定值，铜单丝充分屈服。

（2）质量保障。

1）选用优质的铜丝和阻水材料，所用铜丝 20℃时电阻率应满足 GB/T 3953《电工圆铜线》要求，确保导体电阻达到标准要求。

2）框绞机应配有自动断线检测功能，若有断丝，会自动报警并停机，保证导体完整不缺根。

3）导体最外层应做好清洁措施，可配备铜刷装置用于导体除尘，防止导体表面产生油污、铜屑等不良现象。

4）制造长度上的海底电缆导体不应有整芯或整股焊接。导体中的单线允许焊接，但在同一层内，相邻两个接头之间的距离应不小于 300mm。

4.2.2 绝缘工艺

交联聚乙烯既继承了聚乙烯击穿电场强度高、介质损耗小、绝缘电阻大、质量轻等优点，又能通过反应将聚乙烯分子的线性结构变为立体网状结构，提高了力学和耐热性能，改善了耐环境老化性。例如聚乙烯绝缘海底电缆长期允许工作温度为70℃，而交联聚乙烯绝缘海底电缆的工作温度可以达到90℃，使海底电缆的载流量得以显著提高，因此交联聚乙烯绝缘海底电缆得到了越来越广泛的应用，电压等级已经达到了500kV。交联方法主要分为物理交联和化学交联两大类，高压海底电缆主要采用过氧化物交联方法。绝缘工艺过程主要包括挤出、交联及冷却。

1. 挤出工艺

交联聚乙烯的挤出成型工艺同聚乙烯和聚氯乙烯基本一样，不同的是材料中混有交联剂，制品又多为中压、高压、超高压电压等级，要求更高。在挤出时，为提高材料的塑化程度，挤出机要选用具有较大长径比的螺杆，并根据熔融理论采用一些有别于常规螺杆的新型螺杆，如屏障型螺杆。为使各挤出层间紧密接触，可采用多层同时挤出机头，常用三层共挤机头。

挤出温度设置要保证交联聚乙烯能充分熔融，所以挤出温度的下限应高于基料的黏流温度。因料中混有交联剂，挤出温度过高易出现先期交联，挤出温度的上限应控制在交联剂剧烈分解温度以下，挤出温度一般不宜超过120℃，且挤出时对温度控制要求非常严格，温度波动要求在±1℃内，交联聚乙烯绝缘生产的挤出温度设置见表4-4。

表4-4 交联聚乙烯绝缘生产的挤出温度设置

塑料类型	机身（℃）			机头（℃）	
	加料段	压缩段	均化段	机头	模口
交联聚乙烯绝缘	80～100	105～117	110～120	110～120	110～120
导体屏蔽	70～95	100～120	110～120	110～120	110～120
绝缘屏蔽	70～95	100～115	110～120	110～120	110～120

2. 交联工艺

合理的交联工艺应使交联程度控制在最佳值。常用的衡量交联程度的指标有热延伸和交联度，低压和中压电缆一般用热延伸，高压和超高压电缆一般二者同时应用。热延伸是把在电缆上取得的试样制成规定尺寸的哑铃试片，在一定温度、载荷下，要求试片在一定时间内最大伸长率不超过某一值，并在一定条件下恢复后，长度变化不超过某一值。热延伸值大，交联程度低；热延伸值小，交联程度高。交联度是测试试样交联的成分（不溶的成分，即凝胶）占总质量的百分比。影响交联程度的因素有材料的活性、交联温度、交联时间和氮气压强等。

（1）材料活性。由化学基本原理可知，化学反应速度与参与反应的物质的浓度成比例，即

$$v = K[m][n] \tag{4-8}$$

式中　v——反应速度；

K——反应速度常数，与浓度无关；

m——反应物质 m 的浓度；

n——反应物质 n 的浓度。

由式（4-8）可知，当物质的浓度一定时，反应速度决定于速度常数 K。速度常数 K 是反应活化能及温度有关的系数。交联反应是游离基型反应，反应速度常数和活化能及温度之间的关系可用阿累尼乌斯方程表示，即

$$\ln K = -\frac{E}{RT} + \ln A \tag{4-9}$$

式中　E——反应活化能；

R——气体常数；

T——反应温度，单位为 K。

活化能是衡量材料活性的尺度，它是活化分子具有的最低能量与分子平均能量之差，反应的活化能越低，则在一定温度下，活化分子数越多，反应就越快，由式（4-9）计算的 K 也越大。对于一定材料影响交联度的因素只需要考虑交联温度和时间。

（2）交联温度。由上述分析可知，提高反应速率，可快速提高反应速度。所以，在生产过程中，为了提高生产速度，总是尽量提高交联温度，但也不是越高越好，应考虑聚乙烯在高温下的降解。在空气中，聚乙烯氧化降解的温度是很低的，而在惰性气体中，聚乙烯降解温度能达 280℃左右，在交联管中充入氮气进行保护正是基于此原因。因此，交联的温度应设置在交联剂的分解温度至聚乙烯分解温度之间。

采用全干式立式交联生产线生产时，一般绝缘厚度较大，绝缘线芯进入加热管后表面温度应快速接近 280℃，使表层快速交联，降低聚乙烯熔体在重力作用下的流垂，同时又使厚绝缘尽快交联完全。

中压电缆绝缘较薄，绝缘内外能较快达到均匀温度，而且热变形下垂现象不明显，但生产速度快，要求平均温度要高些。所以交联管的温度从加热Ⅰ区开始各区温度逐渐降低，Ⅰ区的温度一般不超过 400℃。

（3）交联时间。交联时间取决于交联剂的分解速度，交联剂半衰期用 τ 表示，交联聚乙烯多用过氧化二异丙苯（DCP）作为交联剂，DCP 的半衰期为 1min，所对应的温度约为 175℃，温度升高，半衰期缩短，即交联速度随温度升高而加快。

在一定温度下，DCP 的分解速率 x 为

$$x = 1 - e^{-\ln 2 \frac{t}{\tau}} \tag{4-10}$$

式中　t——交联时间；

　　　τ——DCP 的半衰期。

设 $t = n\tau$，代入式（4-10）可得

$$x = 1 - e^{-n\ln 2} \tag{4-11}$$

由式（4-11）可计算出，当交联时间 $t = 5\sim10\tau$，DCP 可分解 97%～99.9%。交联度与交联时间的关系见表 4-5，表中列出了半衰期个数和交联度的关系。在适宜的交联时间范围内，还存在一个最佳交联时间，其值应大于并接近 5τ，这对于高电压等级电缆的生产尤为重要。

表 4-5　　　　　　　　　　交联度与交联时间的关系

τ个数	x（%）	交联度（%）	τ个数	x（%）	交联度（%）
1	50	64	6	98	87
2	75	77	7	99	88
3	87	83	8	99.6	88
4	94	86	9	99.8	88
5	97	87	10	99.9	88

绝缘交联过程中，热量由外层向内层传导，既要保证绝缘内层交联状况良好，又要使外层不产生过交联。考虑到热传导所需时间，实际生产中电缆在交联管中的停留时间都远大于表 4-5 的数值，中压电缆交联时间为几分钟，高压、

超高压需几十分钟。已知温度 T_1 时的交联时间为 t_1，则在任意温度 T 时对应的交联时间 t 为

$$t = t_1^{\left(\frac{1}{T} \frac{1}{T_1}\right)ER} \quad\quad\quad (4-12)$$

（4）氮气压强。交联反应中产生的低分子物和材料中的水分都以气体的形式出现在绝缘层中，如果无外界压力的抑制作用，气体就会汇集形成气泡或夹层，轻者会降低制品的电气、物理和机械性能，重者会造成废品。为此，在干法交联中都采用氮气作为保护、加压和传热介质，并且要定期排放更新，以带走交联过程中产生的小分子物和进入交联管中的水蒸气，交联管道中氮气压强不应小于 1.0MPa。

3. 冷却

（1）半干式交联。半干式交联采用水冷却，加热段和水冷却段间设有隔离预冷却段，预冷却段的长度不低于 10m。冷却水在钢管夹壁中流动，以降低管内氮气温度，然后再通过氮气对线芯进行冷却。氮气从预冷却段上部进入，从下端接近水面处排出，排气时将水面产生的水蒸气带出，一般每小时排出 3m³即可获得满意效果。设置预冷却段的作用是防止蒸汽渗入交联绝缘层，降低绝缘质量和进入加热管内降低加热效率；在预冷却段内把电缆预冷至较冷温度，还有防止电缆急冷产生内应力和避免高温电缆进入水中使水沸腾，产生大量蒸汽的作用。

冷却段的冷却介质用水：冷却的目的是对绝缘固化和定型，防止变形。生产过程中严格控制水位高度，不能使其超过预冷却段进入加热段而造成事故。水位过高不仅会产生大量蒸汽影响绝缘质量，还会导致绝缘交联不足；水位过低，线芯不能及时冷却，易擦管损伤绝缘。

（2）全干式交联。全干式交联冷却介质采用氮气，从而全程避免与水接触，最大限度地减少绝缘的含水量。但由于采用气体介质冷却，冷却速度慢，冷却段也要设计成悬链形，这对生产速度也会产生影响。

4. 工艺控制及质量保障

（1）工艺控制。绝缘层和屏蔽层的质量是影响海底电缆运行稳定性和寿命的关键性因素，因此在生产过程中，须规避如下不良情况的发生：

1）绝缘层和屏蔽层挤出工艺不良，有塑化不好的颗粒或混有烧焦粒子。

2）屏蔽层存在向绝缘层方向的凸出，甚至导体屏蔽存在漏包、表面露铜等

现象。

3）绝缘层和屏蔽层黏合不好，产生分层和缝隙。

4）绝缘屏蔽层厚度太薄，表面凹凸不平。

5）绝缘厚度不足、偏心大、交联不充分等问题。

因此，针对上述情况推荐采用屏蔽层和绝缘层三层共挤，以及 CCV 或 VCV 交联技术。配备导体前后置预热装置及在线测偏仪，机头具有连续长时间运行不产生老焦的特点。为严格控制绝缘中杂质含量，绝缘料选用进口超净化电缆料在超净加料环境内使用，使加料口净化等级达到千级，屏蔽料在进料前经过系统热风干燥去潮，最大程度减少人为因素的影响。

厚度控制采用在线偏心及厚度测量仪，该设备可进行导体屏蔽、绝缘和绝缘屏蔽的分层测量，能清晰地测出各层的平均厚度和最薄点尺寸，并自动计算偏心度，实时检测屏蔽及绝缘质量，在线偏心及厚度测量装置如图 4-15 所示。

图 4-15　在线偏心及厚度测量装置

（2）质量保障。

1）采用超高洁净度的绝缘料和超光滑的屏蔽料。

2）开机前充分检查模具、过滤板、过滤网、分流体、螺杆等，确保表面光亮无损伤、无残留胶料。

3）检查前后置预热器、加热系统、测偏仪工作状态，确保各系统正常工作。

4）检查整个加料环节，保证清洁度达到要求。开机后用工艺转速排胶一定时间，确保流道清洁。

4.2.3 半导电阻水带绕包工艺

交联聚乙烯（XLPE）绝缘海底电缆使用半导电阻水带作为绝缘和金属屏蔽层之间的缓冲层，半导电阻水带绕包层具有纵向阻水和防止金属套生产、运行时损伤绝缘线芯的作用。半导电阻水带绕包主要是为后面的金属屏蔽工序做准备，半导电阻水带不但具有半导电的特性，而且具有隔热和缓冲作用。半导电阻水带由聚酯无纺布、半导电黏合剂和高速膨胀吸水树脂组成。典型的半导电阻水带有 BZSD30、BZSD40、BZSD50 和 BZSD60 几种，半导电阻水带技术参数见表 4−6。

表 4−6　　　　　　　　　　半导电阻水带技术参数

项目	单位	BZSD30	BZSD40	BZSD50	BZSD60	测试方法
厚度	mm	0.30±0.03	0.40±0.03	0.50±0.03	0.60±0.03	ISO 9073−2
单位质量	g/m²	120±10	150±10	170±10	190±10	ISO 9073−1
抗张强度	N/cm²	≥30	≥40	≥50	≥60	ISO 9073−3
伸长率	%	≥12	≥12	≥12	≥12	ISO 9073−3
膨胀速度	mm/1stmin	≥8	≥10	≥10	≥8	—
膨胀高度	mm/1stmin	≥12	≥12	≥16	≥12	—
表面电阻	Ω	<1500	<1500	<1500	<1500	DIN IEC 167
体积电阻率	Ω·m	$<1 \times 10^3$	$<1 \times 10^3$	$<1 \times 10^3$	$<1 \times 10^3$	DIN 54345
瞬间温度性	℃	230	230	230	230	—
长期稳定性	℃	90	90	90	90	IEC 216
含水率	%	<9	<9	<9	<9	ISO 287

1. 绕包工艺参数

半导电阻水带绕包层厚度应能满足补偿海底电缆运行时热膨胀的要求，并确保绝缘半导电屏蔽层与金属屏蔽层保持电气接触和导通。半导电缓冲层采用适当厚度和宽度的半导电阻水带，使用绕包机使其呈螺旋状重叠包覆于绝缘线芯外。半导电阻水带绕包的工艺参数主要有绕包头的转速、线速度和绕包节距。工艺参数决定或取决于缓冲带的宽度、厚度、绕包角度、绕包间隙或重叠率、绕包直径等。

（1）绕包节距。绕包节距是缓冲带围绕绝线芯轴线旋转 1 周绝线芯沿轴线前进的距离。绕包节距由设备的牵引速度和绕包机的转速确定，节距越大，生产效率越高，但绕包节距受绕包带宽度、绕包角的制约，绕包节距计算公式如下

$$h = v / n \qquad (4-13)$$

式中　h——绕包节距，mm；

　　　v——线速度，mm/min；

　　　n——绕包机的转速，r/min。

（2）绕包角。绕包角为绕包带的绕包方向与绝缘线芯的径向夹角，其大小取决于缘线芯的绕包外径和绕包节距。绕包角对绕包的紧密度影响很大，绕包角越小，绕包越紧密，但生产效率低，缓冲层绕包角一般控制为 20°～40°，绕包角的计算公式如下

$$\alpha = \arctan(h / \pi d) \qquad (4-14)$$

式中　α——绕包角；

　　　h——绕包节距，mm；

　　　d——绕包直径，mm。

（3）绕包带宽度。绕包带宽度由绕包节距、绕包角、绕包直径和绕包间隙（重叠）确定。增加绕包带宽度虽然能提高生产效率，但在相同绕包直径的条件下，绕包角增大，会增加绕包带边缘力的不均匀性，限制绕包带能够承受的平均张力，降低绕包的紧度，使平整性变差，且弯曲时易分层。绕包带宽度的计算公式如下

$$b = \pi d(1 \pm k) = (h \pm e)\cos\alpha \qquad (4-15)$$

式中　b——绕包带宽度，mm；

　　　h——绕包节距，mm；

　　　d——绕包直径，mm；

　　　e——绕包间隙，mm；

　　　k——间隙率，$k = e/h$。

2. 工艺控制及质量保障

（1）工艺控制。

1）半导电阻水带可单独绕包，也可与三层共挤同步进行，半导电阻水层应采用具有阻水功能的弹性阻水膨胀材料。

2）绝缘芯线上采用符合工艺要求的半导电阻水带重叠绕包。

3）绕包重叠率控制在工艺范围内，充分达到纵向阻水要求。

4）按照工艺控制绕包带的张力和绕包角度，确保绕包平整。

（2）质量保障。

1）绕包头采用分电机独立控制，绕包包带张力均匀。

2）两个绕包头切换工作，确保绕包不间断。

3）接头采用专用半导电胶带黏接，保证电气性能一致。

4.2.4 绝缘除气工艺

交联反应中产生的低分子气体会在绝缘线芯出交联管后继续从绝缘层移出，若将其封闭在绝缘层内会产生很大压力，甚至绝缘层会产生气孔。因此，对绝缘线芯必须进行脱气处理。

35kV 及以下绝缘线芯一般只需在常温下放置一段时间即可，35kV 及以上绝缘线芯的绝缘层较厚，在常温下气体挥发速度缓慢，需要很长的脱气时间。为减少脱气时间，提高生产效率，35kV 及以上绝缘线芯一般在地转盘式除气烘房进行脱气，脱气温度为 65～70℃，脱气时间不仅要考虑气体挥发程度、生产效率和导体氧化等因素，还应根据绝缘线芯的长度及脱气效果进行调整。可以参考以下脱气时间：在 65～70℃时，35kV 电缆需 15 天；110kV 电缆需 20 天；220kV 电缆需 25 天；500kV 电缆需要 30 天。

绝缘除气生产质量保障措施包括以下几个方面：

（1）烘房内配备空气循环系统，使烘房内加热均匀，绝缘除气设备如图 4-16 所示。

（2）绝缘线芯排缆时，底层海底电缆为间隙排列，让热空气容易在间隙中穿过，增加空气对流循环，达到快速加热海底电缆效果，提高除气速度和均匀性。

（3）烘房内绝缘线芯上层、中层和下层分别布置一个测温点，测温点位于两层绝缘线芯间隙内，紧贴于缆芯表面。同时采集数据交由软件处理，当温度过低时，自动调节进风口加热温度，保证温度恒定；当温度过高时，降低加热温度并进行自动报警。通过自动控温系统，可保持内部温度恒定。

（4）在除气后端部取样进行分析，确保除气效果。

图 4-16　绝缘除气设备

4.2.5　铅套挤出工艺

对于长期运行在海水中的海底电缆，金属护套除了满足传导短路电流和金属屏蔽要求外，在防水密封和抗腐蚀方面也要重点考虑。

由于铅的化学性能稳定，耐腐蚀性好，抗蠕变性好，可熔接性能良好；且铅的熔点较低，在挤包到电缆绝缘线芯外层时不至于烫伤线芯，易于挤出加工，挤包后的电缆结构紧密，能很好地保证海底电缆的纵向阻水性能。因此，目前高压海底电缆的金属护套广泛使用铅和铅合金。铅套挤出为交联线芯绕包阻水带后的一道工序，尤其是大长度连续铅套挤出工艺是海底电缆生产的关键控制工艺之一，在本章 4.4 详细进行讲解。

4.2.6　内护套挤出工艺

金属套后采用挤包内护套，根据工艺要求，挤包前在金属套表面均匀涂覆一层沥青防腐层。对两端互联接地的大长度海底电缆，挤包内护套一般采用 ST7 型材料，以减少海底电缆沿线铅套与铠装层间的电位差。

电缆护套挤出生产线通常由放线装置、放线张力装置、校直装置、上料装置、主机（挤塑机和机头）、冷却装置、火花试验机、计米装置、印字装置、牵引装置、收（排）线装置及控制系统等组成。该生产线的主要设备为塑料挤出机，由挤出系统、传动系统、加热冷却系统和控制系统组成。

缆芯从放线装置出来后，经校直装置进入机头。电缆护套料被挤塑机加温塑化成黏流态连续地挤向机头，经过模芯、模套在缆芯外连续挤包形成一定厚度的护套层，挤包内护套如图 4-17 所示。护套层在冷却水槽中冷却定形，经计米和印字装置标识，经电火花检验，最后通过收线装置收绕在收线盘上，整个挤出过程是在牵引装置作用下稳定连续地完成。在实际内护套生产过程中，内护套可以与前面一道铅套工序进行同步生产，以便提升生产效率，减少多次开机和导缆引起的风险。

图 4-17　挤包内护套

1. 工艺控制

（1）控制挤塑机加料口温度维持在 130℃ 以下，确保材料不提前熔融。

（2）控制挤塑熔融段温度维持在 170℃ 以上，确保材料塑化良好。

（3）控制生产线速度和螺杆转速与压铅速度匹配，使压铅和挤塑高度同步。

（4）控制挤塑机前后牵引系数在 10 以上，使线芯通过模芯时不发生大幅抖动。

（5）控制挤塑机用模芯和模套的拉伸平衡比在 1.02 左右。

（6）通过机头调偏装置，调整挤出护套的偏心度，控制最薄点和最厚点厚度差绝对值在 0.6mm 以内。

2. 质量保障

（1）原材料使用前经过 45±5℃ 烘制，使用过程中加料斗的加热装置开启，确保原材料干燥，避免生产过程中出现气孔。

（2）挤塑机模具使用前经过充分检查和打磨抛光，确保表面光滑，不影响挤出质量。

（3）开机前彻底清理挤塑机机身、螺杆和机头，确保无老胶残留。

（4）开机前检查各加热瓦工作状态，确保运行正常，同时用开水校准热电偶，确保加温系统工作正常。

（5）铅套与内护套同步挤出生产过程中，推荐采用备用电源设备，保证整条生产线在生产过程中不会因为突然的电气线路故障引起生产设备停机；同时收放线转盘的电机设备均采用"一用一备"模式，有效地保障生产的稳定性。

4.2.7　成缆及光缆填充工艺

由于受运输、敷设等条件限制，高压陆地电缆为单芯电缆，且单根交货长度一般为 1km 以下。高压海底电缆使用环境要求海底电缆首先必须是大长度，根据路由和敷设条件，高压海底电缆可以是单芯，也可以是三芯，而且海底电缆运输和敷设通常采用大型的船舶。因此，要求海底电缆制造商必须具备大长度、大规格的单芯、三芯海底电缆生产能力，如大型立式成缆铠装生产线、大型储缆托盘等，成缆工序如图 4-18 所示，同时也必须具备大长度海底电缆的运输能力，如万吨级码头，大型运输敷设船或驳船等。

(a)　　　　　　　　　　　　　　　　(b)

图 4-18　成缆工序
（a）局部；（b）整体

三芯海底电缆成缆需要大型立式成缆机，每相放线的旋转托盘的能力目前可以达到 800t，每相 220kV 海底电缆单根无接头长度可以达到 30km。

针对光纤复合海底电缆，设计必须保证光纤单元不受外力和环境影响，其基本要求如下：① 能适应海底压力、磨损、腐蚀、生物等环境；② 采用合适的铠装层，防止渔轮拖网、船锚及鲨鱼的伤害；③ 光缆断裂时，尽可能减少海水渗入光缆内的长度；④ 能承受敷设和回收时的张力。

对于三芯电缆，在扇形填充条的背部开槽，槽的开口大于光纤单元的直径，在三芯成缆时，将光纤单元塞入槽内，成缆后绕包两层涂胶布带，此种方式对光纤单元保护较为合适，但在生产过程中需时刻注意光纤单元位置，严禁出现光纤单元塞入填充条背部的槽内的现象。

1. 成缆工艺控制要求

（1）成缆线芯相序为逆时针黄、绿、红三种颜色，排列平整，不得有叠起、损伤等现象。

（2）成缆边隙填充采用专用填充条，其规格依照工艺规定，放置光缆时要小心操作，做填充条接头时应防止光缆受到损伤。要保证填充圆整。

（3）成缆后衔接绕包两层涂胶布带，绕包应平整、紧密，重叠宽度应符合工艺要求。涂胶布带绕包无翘边等不良现象，接头处采用双面胶黏接。

（4）三芯电缆成缆后缆芯外形圆整，不圆度不大于 8%。

2. 成缆工艺质量保障

（1）成缆过程使用光时域反射仪（OTDR）实时检测光纤通断和衰减，确保光纤复合的质量。

（2）控制盘绕速度和牵引设备速度同步，系统配有自动退扭，防止线缆扭结，防止发生弯曲和变形。

（3）线缆经退扭以后，经导轮进入盘具进行盘缆，线缆盘绕逐层进行，并选择合适的盘绕方向。盘列整齐，防止线缆扭曲、变形。

4.2.8　铠装工艺

海底电缆最突出的特点就是铠装，钢丝铠装工序主要包含内衬层、铠装层、外被层，三芯海底电缆的铠装工序可以与前面一道成缆工序同步生产，以便提升生产效率。

1. 内衬层

内衬层一般选用绕包聚丙烯（PP）绳，PP 绳排列须紧密，没有突出、缺失等不良现象，PP 绳根数和节距可根据实际情况由工艺文件确定。为保证测量节距的方便性，可使用黄色和黑色 PP 绳绕包。生产过程中，需要对 PP 绳绕包质量进行检查，若发现 PP 绳断线，应停机处理。

对于单芯光纤复合海底电缆，光纤单元复合工序采用圆形聚乙烯（PE）填充条和光纤单元同步绕包在内护套上，填充条直径略大于光纤单元直径，以达到保护光纤单元的目的。同时，光纤单元多于 1 根时需要均匀分布。光纤复合工序后绕包两层无纺布作为保护层，无纺布外绕包 PP 绳。

2. 铠装层

金属丝铠装层的作用主要是对海底电缆进行机械保护，以保证海底电缆安全运行，并有足够长的寿命。铠装要有防腐保护。多数情况下以熔化沥青浸涂铠装作为防腐保护。在铠装金属丝刚要进入模具前和通过模具后，分别用热沥青浸没。采用这样的工艺可以确保铠装金属丝的各个表面都能涂上沥青。在更换铠装金属丝或者其他装铠机停止工作时，要停止浸涂沥青，以免浸没在热沥青中的电缆过热。铠装工序工艺控制如图 4-19 所示。

图 4-19　铠装工序工艺控制

在大长度海底电缆铠装生产过程中，容易出现钢丝起"灯笼"现象，为避免钢丝起"灯笼"现象，钢丝放线盘须有张力，且张力可调；钢丝在分线板上分线须均匀；并线模具须选取尺寸适合的钢模，且内孔表面粗糙度不宜过大；采用笼式钢丝起"灯笼"现象绞线设备进行钢丝装铠可以对钢丝进行退扭；对于外径较大的电缆，收线时宜选用可旋转式托盘收线。

金属丝铠装工艺控制要求如下：

（1）金属丝排列必须紧密、整齐，不得有跳线、重叠现象。金属丝之间的总间隙应不超过单根金属丝的直径。

（2）金属丝的间隙一般可以通过调节金属丝的节距来实现，金属丝直径、根数、节距和绕包方向应符合工艺规定。

（3）并线前，铠装金属丝需经过预扭器进行预扭，铠装金属丝放线盘张力均匀，包括各盘张力在一定范围内一致，以及浅盘与满盘张力在一定范围内一致。

（4）金属丝接头应对准中心，接头要平整、牢固，焊接处应经反复弯曲检查，以防止虚焊，若焊接处有毛刺、凸起的尖角，必须锉平，保证焊接质量。

3. 外被层

海底电缆外被层通常由两层绕向相反的 PP 绳绕包形成，外层 PP 绳绕向为左向，金属丝铠装外层应均匀涂覆沥青以达到防腐效果，内层 PP 绳表面也需均匀涂覆一层沥青，沥青可以防止海底电缆在海水里被腐蚀，同时也可提高 PP 绳的附着力，从而避免海底电缆在生产制造运输过程中出现断线，导致外层 PP 绳散开，影响外观。

4. 工艺质量保障

（1）内衬层和外被层缠绕的 PP 绳的绞合节距应调节到保证 PP 绳覆盖整个海底电缆表面不露间隙为准，PP 绳排列应紧密。

（2）开机前通过拉力计校准铠装机张力监控传感器。

（3）铠装金属丝在分线板上分布应均匀。

（4）金属丝接头后用斜口钳、锉刀、细砂纸等工具将焊接处花边剪除、锉圆，并将压痕等砂光，修整完后应在铠装金属丝表面用笔型刷镀方式镀一层防腐漆，防腐漆材料主要成分为锌。

（5）并线模具的内孔大小和粗糙度应合适。

（6）针对单芯海底电缆，若有要求，铠装过程中铅套与铠装金属丝应进行短接操作，以实现海底电缆的接地，从而减小实际海底电缆运行时铅套和铠装金属丝内的感应电流，降低海底电缆的损耗发热。

（7）最外层缠绕绳可使用不同颜色进行标识，特殊位置如工厂接头、分段点等处（若有）也可以缠绕不同颜色的 PP 绳以作标识。同时海底电缆成品表面每隔一段距离还需进行计米标识。

（8）高压海底电缆一般采用旋转托盘收线，按顺时针或逆时针排列，盘绕应整齐。

（9）整机主要部位均安装有在线监控，全方位监测生产过程，光单元集成（成缆）及铠装在线监控如图 4-20 所示，其使用 OTDR 实时检测光纤通断和衰减，以确保光纤复合的质量。

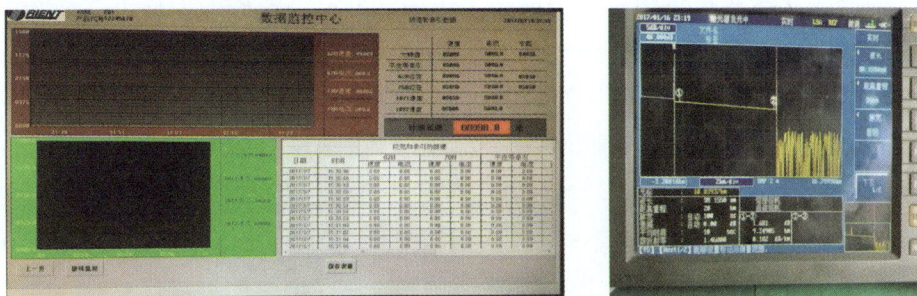

图 4-20　光单元集成（成缆）及铠装在线监控

》 4.3　大长度海底电缆绝缘连续挤包工艺 《

4.3.1　大长度海底电缆绝缘连续挤制的技术难点

随着海洋和岛屿资源的开发，超高压海底电缆的需求与日俱增。大长度海底电缆的制造相当复杂，其中绝缘线芯的长时间连续挤出交联工序尤为重要。对于交联的质量管控来说，设备选型、原材料选择和工艺过程控制每个环节都至关重要，也是目前海底电缆监造过程中的核心关注点。

1. 设备选型

中、高压 XLPE 绝缘线芯的生产线主要采用立式交联生产线（VCV）和悬链式交联生产线（CCV）两种。立式交联生产线凭借其垂直布局的特点，可以从根本上解决绝缘受重力作用下垂造成的偏心，较为方便快捷地调节和控制绝缘偏心度。由于 XLPE 绝缘线芯的分层界面的缺陷和每层偏心度是影响大长度 XLPE 绝缘海底电缆运行稳定性和寿命的关键性因素，因此为减少分层界面的缺陷和每层偏心度，保证大长度海底电缆的质量，故大长度海底电缆 XLPE 绝缘三层共挤采用了立式交联生产线。

2. 原材料选择

交联聚乙烯（XLPE）凭借其优良的电气性能、耐热性能、机械性能，以及制造工艺简单、质量轻、便于敷设和维护等特点，已成为目前超高压电缆主流的绝缘材料。交联的原理是交联聚乙烯受热后，交联剂分解为化学活性很高的游离基，这些游离基夺去聚乙烯分子中的氢原子，使聚乙烯主链上产生活性游离基，被活化的聚乙烯分子链相互结合，产生 C–C 交联键，使聚乙烯分子由线性结构形成立体网状结构，在保留了聚乙烯优良电气性能的前提下，提高了耐热性能和机械性能。

在交联生产的过程中，不可避免地将产生预交联现象，所产生的琥珀色焦烧物质堆积于绝缘挤塑机过滤网处，造成绝缘挤出压力增大、出胶量减小，久而久之造成设备停机，因此一般超高压电缆交联单次生产时间最多为 7～10d。但由于超高压海底电缆长度不同于陆地电缆的单根数百米，目前普遍在 20km 以上，需连续生产 15d 以上，因此在选用超高压海底电缆的绝缘材料时，除了需满足基本的性能外，还应具有抗焦烧能力，以满足连续生产。生产时优先选用分子链较短、交联剂添加较少的绝缘材料，如北欧化工 Borlink™ 低焦烧系列绝缘材料。

3. 交联过程控制要点

在交联生产过程中，根据设备组部件和功能划分，主要分为输料系统、挤出系统、硫化系统、牵引系统等。

（1）输料系统。输料系统主要包括净化室、吸料系统、干燥系统、输料管道、料斗等，将绝缘材料输送至挤出机，需保证材料无杂质、水分。

材料在使用前需经过风淋系统后进入净化室，净化室内保持恒温、恒湿，净化等级为 1000 级。为避免材料温度造成的挤出波动，应在净化室内经过不小于 4h 恒温静置后方可使用。绝缘材料采用重力落料方式，在密闭的手套箱内将材料落料口与输料管道连接，手套箱内净化等级为 100 级。在开始加料前，应对整个系统进行清洁并检查输料管道和料斗是否顺畅无死角，避免材料局部积聚，若需切换为更高电压等级线芯生产，宜更换全新输料软管，避免混用。对于屏蔽材料，在使用前需经过干燥处理，因为屏蔽材料中含有大量极易吸潮的超细炭黑，若不进行干燥处理将产生焦料，严重影响产品的质量。在生产过程中，需定时检查料斗内料位高度，防止料位感应故障出现脱料情况。

（2）挤出系统。挤出系统主要包括挤出机、螺杆、过滤板、连接管、机头、模具及温度控制系统等，将材料粒子熔化并挤制成型包覆于导体上。

1）部件清理。在生产前应将所有部件拆下单独进行清洁，且清洁过程中应使用质地较软、不易残留杂质的工具，如铜刀、铜刷、无尘布等。

2）滤网检查。生产前应检查滤网规格和质量，针对不同的电缆规格和挤出设备要匹配不同规格和层数的滤网。若过滤网密度过高或者层数过多，会导致挤出过程中反向压力过大，绝缘材料温度过高产生预交联现象，导致熔融压力增大，甚至导致滤网破裂。

3）模具检查。模具需选用强度、韧性较高的 42CrMo 作为材料，经过整体氮化处理，氮化深度不小于 0.02mm，维氏硬度应达到 600～800HV。在每次装配时，应检查模具端口和表面质量，若存在磕碰、划伤等情况，应立即更换。同时用深度尺检查模具安装缝隙，不应大于 0.05mm，避免出现积料和模具无法拆卸的情况。

4）温度控制。挤出系统的温度控制水平决定了海底电缆交联连续生产的时间和稳定性。生产前应定期对挤出系统的各个关键温控点进行检查并制定应急方案，例如法兰两侧是否断路、热电偶安装是否松动、加热器工作是否正常。特别是水温控制系统，包括螺杆、机头等部件，必须采用去离子水作为媒介，以避免结垢，并定期检查是否有阀门和水路堵塞的情况，温度控制范围在 ± 0.5℃以内，必要时需进行程序优化。在生产之前，挤出系统应预热 4h 以上，以保证挤出稳定。在交联生产的过程中，需要对各项参数曲线进行密切监控，例如熔融压力、电机负载、熔融温度等，出现异常情况时及时进行分析和调整，挤出机参数曲线如图 4-21 所示。

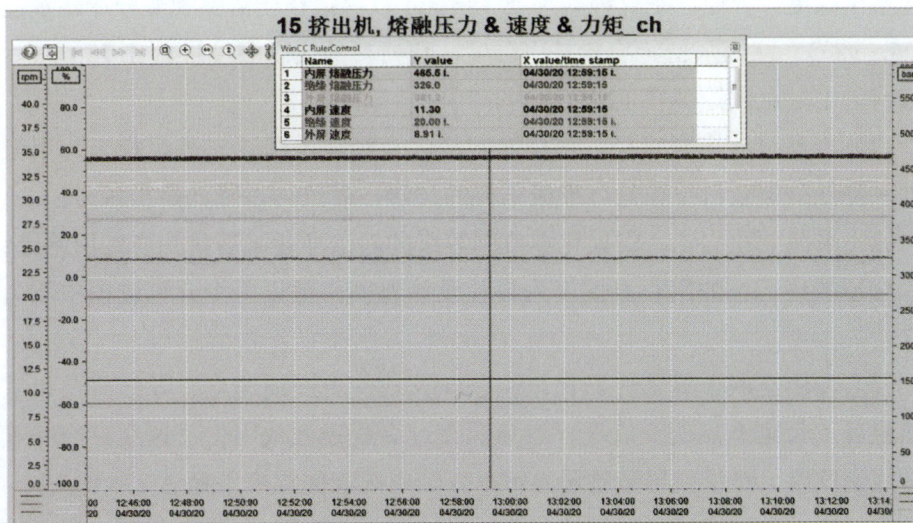

图 4-21　挤出机参数曲线

（3）硫化系统。硫化系统主要包括硫化管道、密封系统、氮气控制系统、冷却系统、副产物分离系统等。硫化管道通过上下密封系统形成密闭，并通过氮气控制系统对其内部进行增压保护，使绝缘线芯在内部高温高压的环境下发生交联反应并进行冷却。

在设计硫化的工艺参数时，需考虑绝缘线芯实时的温度，绝缘内外层温差不宜过大，优先使用前置导体预热器和后置导体预热器共同将导体预热至160℃，并配合较低的硫化温度，一般不超过 300℃，以起到降低绝缘层内部温差、减小内应力的作用，对大长度海底电缆的长期寿命有利。

在硫化系统中，有众多的氮气循环管路，如氮气清洁、氮气冷却、应力减小等功能管路。在交联生产的过程中，交联反应会产生大量的副产物，这些副产物不可避免地会附着堆积在管路和硫化管内壁，影响硫化系统的加热效率和各项功能，因此应在使用时定期对所有管路进行清洗。同时下密封系统的密封圈需定期检查更换，确保密封良好，无毛刺划伤线芯。

4.3.2 大长度海底电缆绝缘连续生产的工艺措施

1. 关键工艺控制

（1）采用绝缘挤出量较大的大规格绝缘挤出生产线（主绝缘采用 $\phi 200$ 型挤出机），对不同温度下的熔融温度、螺杆转速和出胶量进行验证对比分析，选择最佳挤出温度。合理控制螺杆转速在 18r/min 以内，且严格控制螺杆冷却水温度为 96~98℃。从而降低绝缘料挤出温度，使材料的熔融温度控制在 130℃以内，屏蔽料的熔融温度控制在 125℃以内。

（2）合理设计模套直径，使模套定径区直径与电缆热态外径相当，不但可以大大降低外屏蔽料在模具口形成积料的风险，而且可以降低挤出压力。

（3）采用北欧化工、陶氏化学或同等级的超洁净超高压抗焦烧专用绝缘料，选择合适的绝缘过滤网，且温度为最佳设计温度，保证整个开机过程中压力无变化。

（4）专用交联计算软件。优化交联计算软件生产线速度、导体前置和后置预热温度，保证产品的交联度，避免温度过高或过低或因生产速度、冷却等问题造成交联度、绝缘或屏蔽质量异常，控制电缆表面温度不超过 275℃。

胶料压力与连续运行时间的关系曲线如图 4-22 所示，该图为国内某 500kV 大长度超高压海底电缆项目绝缘挤出过程中的关系曲线，从图中可以看出，导体屏蔽、绝缘屏蔽和绝缘挤出压力随时间的增加几乎没有增长。熔融温度与连续运行时间的关系曲线如图4−23所示，由图可知，随着生产时间的增加，绝缘料和屏蔽料的熔融温度没有明显增加，这体现了500kV超光滑屏蔽料和超洁净绝缘料的优异性能，表明了工艺控制的一致性和设备的稳定性。生产结束后把滤网与黏附在滤网上的XLPE绝缘材料一起放到硅油里进行高温油浴试验，绝缘料并没有可见的焦烧现象发生，且生产结束后尾端电缆绝缘切片中也未检测到影响绝缘性能的杂质、微孔和突起，绝缘与屏蔽的交界面光滑、无任何突起。

综上所述，该产品所采用的工艺方法适合大长度超高压海底电缆的连续生产。

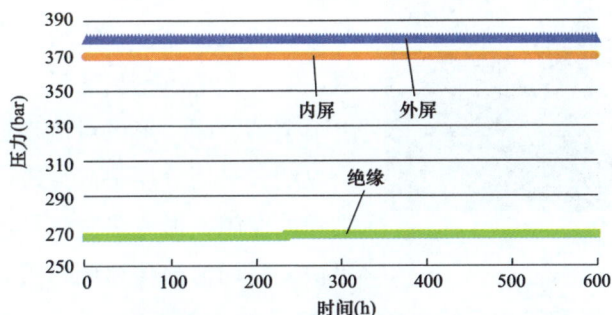

图4−22　胶料压力与连续运行时间的关系曲线

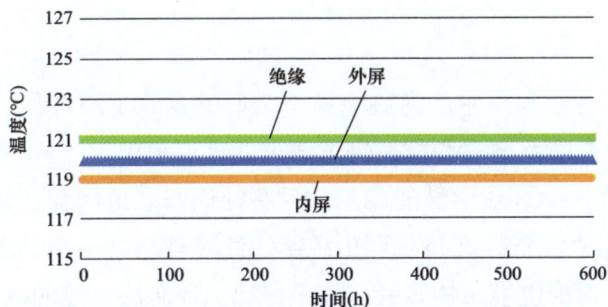

图4−23　熔融温度与连续运行时间的关系曲线

2. 大长度厚绝缘除气方式

交联聚乙烯（XLPE）绝缘在交联过程中会分解产生甲烷、枯基醇等交联副产物，这些副产物会渗析在绝缘内部，如果除气不够充分，还会对海底电缆的电气性能和长期稳定性产生较大影响。针对交联副产物对电缆性能的影响以及除气方法，相关学者也进行了一系列研究。

传统 XLPE 绝缘线芯除气工艺一般采用电加热，将空气加热至目标温度，然后利用风机将热空气送入除气室。这种除气方式缺点是在绝缘较厚、缆芯堆放较多的情况下，会产生局部温度过高的情况，热气流分布不均，影响除气效果，降低除气效率。考虑到超高压交流海底电缆绝缘厚度较大、单根长度较长，传统除气方式已不能满足要求，为解决传统热传导除气方式的局限性，某公司设计开发了一种"热对流"型烘房地转盘除气系统，热对流除气系统示意如图 4-24 所示。烘房内采用上、中、下温度多点控制和高温报警系统，安全可靠；在烘房内设置专用传风孔道，安装多个风箱加热设备，热空气循环于上下缆芯之间，形成对流渗透；同时交联生产收线时采用分层垫高处理，增加每层缆芯之间的空隙，形成热空气环流，有利于热量更快、更均匀地传递到每层缆芯表面，加快绝缘副产物的挥发和排出，除气效率可提升约 50%。

图 4-24 热对流除气系统示意

» 4.4 大长度海底电缆铅套挤包工艺 «

对于长期运行在海水中的海底电缆，金属护套除了满足传导短路电流和金属屏蔽要求外，在防水密封和抗腐蚀方面也要重点考虑。

铅的优点如下：① 化学性能稳定，耐腐蚀性好，抗蠕变性好，可熔接性能良好；② 铅的熔点较低，在挤包到电缆绝缘线芯外层时不至于烫伤线芯，易于挤出加工，挤包后的电缆结构紧密，能很好地保证海底电缆的纵向阻水性能。

铅的缺点如下：① 铅本身密度较大，为 11.4g/cm³，因此会造成铅包电缆的质量大，给运输和现场的敷设安装带来不便；② 铅有毒，使用挤铅机的过程中要充分进行过滤和净化；③ 铅的导电性较铜铝差，为满足线路的短路电流容量通常采用铅护套内层增加铜丝屏蔽的形式；④ 铅的机械强度低，尤其是电压等级高且标称截面积大的高压海底电缆，在大长度海底电缆生产过程中应充分考虑进行防护，挤包铅护套后的过线托轮、转盘和牵引设备都要采用合适的材料，防止铅护套在挤包后出现变形和划伤等缺陷；⑤铅的耐振动性小，特别是在处于应力状态下的耐振动性更小，在动态环境中使用的海底电缆不适合使用铅护套作为金属护套。

综上，目前高压海底电缆的铅套应用铅合金制造。铅合金含有（质量分数）0.4%～0.8%的锑和 0.02%～0.06%的铜，余量为铅（简称铅锑铜合金或 Pb－Sb－Cu 合金）；或含有 0.2%～0.4%的锡、0.4%～0.6%的锑和 0.02%～0.06%的铜，余量为铅（简称铅锡锑铜合金或 Pb－Sn－Sb－Cu 合金）。一般使用螺杆式连续挤铅机进行挤出制造，其工作原理类似于挤塑机，利用螺杆的运行对铅液产生较大的压力，将铅液连续挤出。

4.4.1 挤铅机设备构成

连续式螺杆挤铅机通常由收放缆装置、挤铅机主机、熔铅炉和水冷却系统四部分组成。大长度高压超高压海底电缆铅护套挤出时，收放缆装置要重点考虑缆盘承质量和容量问题，通常使用电动转盘的形式进行生产制造。为避免铅护套挤出后的变形和划伤等问题，将挤铅机和挤塑机串联生产是较好的方案，挤铅机及挤塑机布局如图 4－25 所示，同时在挤出过程中的张力控制和辅助措施的配套也是保证铅护套质量的重要因素。

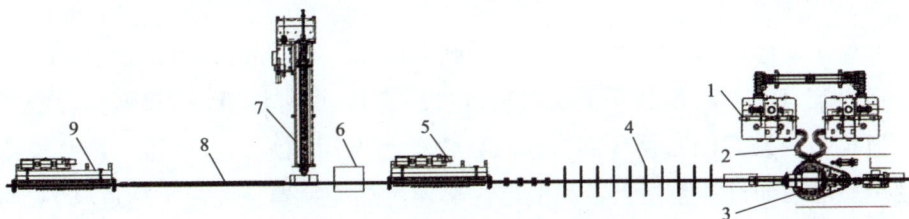

图 4－25　挤铅机及挤塑机布局

1—熔铅炉；2—输铅管；3—挤铅机机身；4—储线轮；5—挤塑机放线牵引；
6—沥青涂覆装置；7—挤塑机；8—冷却水槽；9—挤塑机收线牵引

挤铅机主机主要由模座、机身、传动机构、主电机、底座及水箱等组成。工作原理为铅液进入机身后，通过垂直安装的螺杆，将铅液输送到挤出机头，经模套口挤出铅管。挤铅机主要组成部分如图 4－26 所示。

1. 模座

加热方式通常为电加热，温度测控点有 3 个及以上，并设有液压调模装置，用油泵的推力来调整铅层厚度以及更换模套和模芯。在模套和机头的出口装有水冷却环和水冷却管，当铅管从模套出来时立即被水冷却，以保证铅管有良好的结晶。

图 4-26 挤铅机主要组成部分

2. 机身

机身主要由挤压筒和螺杆组成。挤压筒的外套由双金属套筒组成，外套设有密闭式冷却水槽和电热元件定位凹槽；内套内孔成锥形，并设有多条凹槽，确保铅液能顺利挤出。设置的多个测温点用来控制、调节机身各区温度。挤压螺杆是实心的，通常直径为 $\phi150$、$\phi200$ 和 $\phi250mm$ 的等距不等深螺杆，外径呈锥形，表面镀硬铬，底部套有特殊材料做成的轴套。

3. 传动机构

设置在整体的齿轮箱内，由一对螺旋伞齿轮付和二对齿轮付减速传至螺杆。齿轮箱内配有一个超重型滚子推力轴承，所有传动轴处均配有双列球面滚子轴承。齿轮箱内设有闭路循环润滑系统，由一台专用油泵、过滤器、热交换器等组成。润滑油通过油泵注入各润滑点，再通过热交换器使油温不超过 60℃ 的使用要求。

4. 主电机

通常采用一台直流电机进行驱动。齿轮箱的动力源由电机输出后通过弹性联轴节和盘式机械过载安全机构，然后输入齿轮箱的进轴。

5. 底座及水箱

底座是由厚钢板焊接成的箱形结构，上面安装齿轮箱，主电机，油、水热交换器，油路系统等。箱体内设有一个水箱，水箱内建议承装软化水，以防止水垢引起热交换效率降低，该水箱为闭路循环，供机身各段冷却用，一般长期工作水温不超过 35℃。

6. 熔铅炉

熔铅炉炉体一般使用钢板焊接，炉膛内用钢板作垂直方向间隔为熔化室。搅拌是采用铅液搅拌器，使铅液处于紊流状，这样使铅中的合金元素分布更为均匀。炉子顶部设有启闭方便的炉盖，便于检查铅液和清除铅渣。炉子顶部还设有液位控制指示及信号装置、测温装置、输铅阀、放铅阀、加料口及辊道，以及排气口等。

熔铅炉的使用与保养如下：

（1）炉子的各个加热区都必须按电路图的正确方法进行连接。正确安装热电偶极其重要：若热电偶安装时接触不良，铅液的温度就不能正确显示，一般会引起铅液温度过热而烧坏熔炉。所以，热电偶不仅要正确安装，保证接触紧密，插拔后还要固定牢固；此外，还应定期检查，每次开机前都要检查其准确度是否良好，可用沸水法或专业的检测方法进行热电偶准确度的检测。

（2）熔铅炉内的放铅阀每天或每次使用时应涂抹耐高温（400℃）的二硫化钼润滑剂。

（3）熔铅炉在首次熔铅时可将已熔化的铅液倒入熔炉；当无此条件时则应把铅锭整齐地安放在熔炉的底部和内壁，使铅块紧贴炉壁，或把铅锭切成小块以便增大与炉面的接触，这是防止过热而造成钢板变形的措施。

（4）第一次加热熔铅时升温要缓慢，将铅液面的温度控制器调到其最低位置，并使熔炉顶部两个加热区的电热元件断电，然后接通电源加热 2min 后就停止。间隔 5min 后再通电加热 2min。如此重复进行约 15~20min 后，其加热时间可适当加长，直至其间断周期加大到 10~15min。当铅完全熔化，即可加入新的铅锭，直至液面升到最大值。用此方法加热主要是使熔炉钢板不烧坏变形和不损坏电热元件。在加热时，要注意检查是否有漏铅情况，特别是法兰连接处。

（5）在正常生产过程中，应把熔炉液面中氧化物（炉渣）每班清理三次，同时铅液面应保持在允许的范围内。如果液面波动太大或液面经常处于最低位置，则熔炉壁很快会黏附一层氧化物，这层氧化物将对加热铅液热传递产生影响，从而使热量大量损失，降低整个熔炉的使用寿命。

（6）液面指示器运行状况要经常注意：每 12h 应涂抹数次高温二硫化钼润滑油，使其运行灵敏可靠。熔炉的外表面温度，当正常使用时，熔炉的侧面温度不超过 70℃，顶部不超过 105℃（在室温为 25℃时）。

（7）操作者发现最低液位时，应投入冷铅锭以补充铅液提高液面，当最高液位指示灯亮时停止投料。

7. 输铅管

主要用于熔铅炉与主机之间连接输送铅液。输铅管由金属管构成，设计成"Ω"形状，能适应受热膨胀变形。输铅管采用管状板式加热器作外热式电加热。加热器外敷设厚度达 140mm 及以上的绝热层，可保证个别加热器失效后对输铅管的加热、保温不致影响过大。输铅管使用温度为 350～370℃。

输铅管的安装、使用要求如下：

（1）在短暂停产时，输铅管道的温度应始终保持为 290～300℃。这样就可以避免不必要的管道膨胀收缩，并可使铅液的氧化物大量减少。

（2）整个挤出设备的加热是从室温开始的。当机头、机身和熔铅炉的温度已达额定值时，可知熔炉中的铅液已处于熔融状态；在此之前就应把输铅管道的加热元件接通，否则机身与管道连接处，与各法兰连接处就会出现漏铅现象。

（3）整机加热到额定值而输铅管没有加热会出现下列情况：

1）在管壁上凝结不规则的固体铅，其间会出现空隙，这样在管道中就形成了真空区，从而引起由于法兰处的密闭不良导入空气，增加了铅的氧化物。

2）上述现象的产生，也会引起一种颤动压力，原因是凝固的铅随着时间的增加，热量增加后在管道中输送固体铅而引起颤抖，而且当固体铅熔化时，其体积会增大 3.5%，使管道内压力增大，极易造成管道连接处的泄漏。

（4）输铅管安装电热元件的说明：电热元件为铸铜管状加热器，并联包在输铅管外，外敷绝热层，绝热层的厚度应不小于 140mm。

8. 水冷却系统

水冷却系统通常由冷却水泵、循环水泵、液位控制器、温度控制器、板式热交换器、管路及阀体等组成，专供随机冷却系统、后冷却装置和外部冷却系统使用。随机冷却系统的配件均与挤铅机和水箱安装成一体。水箱可由输水口输入清洁的软化水（水质硬度 0～60μL/L，建议用纯净软化水或蒸馏水），水内不允许有腐蚀性的微粒。进水冷却系统的冷却水（最高温度为 25℃，压力为 0.4MPa），经过滤器后分别进入板式换热器、油冷却器、后冷却装置，同时还通过磁水器进入液压调整系统的高压密闭环和水冷夹套。整个冷却系统，一次循环水取水箱内存储的纯净软化水（蒸馏水）供机身及轴承处冷却后回到水箱，补充的水也直接由箱上的进水口注入。二次循环水采取经过过滤的一般自来水使用，水温不大于 25℃，供板式换热器、油冷却器、水冷夹套（口型冷却）液压调整系统及后冷却装置处冷却用。

4.4.2 大长度海底电缆挤铅工艺

大长度海底电缆连续挤铅工序操作流程如图 4-27 所示。

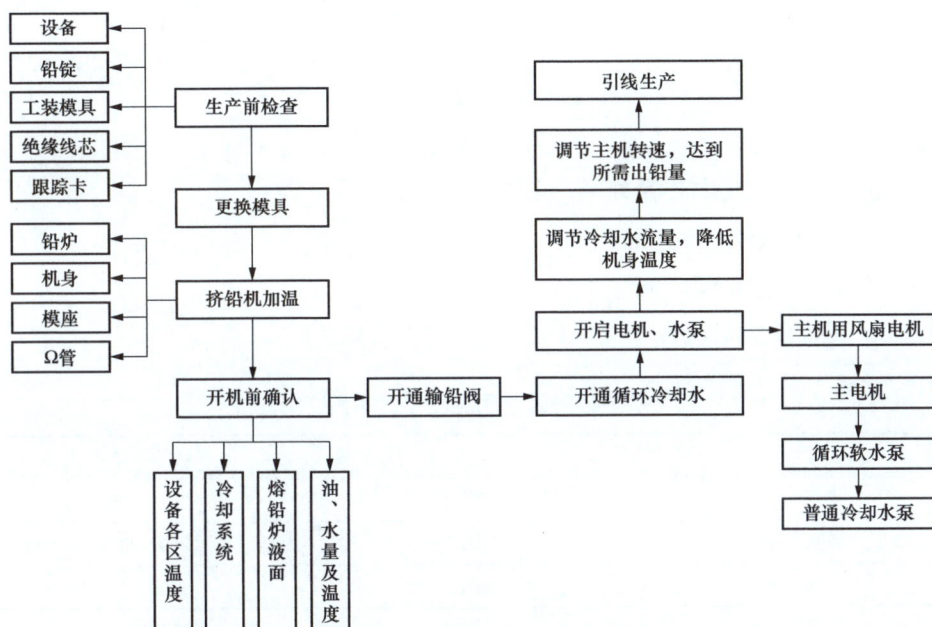

图 4-27 大长度海底电缆连续挤铅工序操作流程

1. 生产前的检查和准备

大长度海底电缆连续挤铅工序的生产前检查和准备工作非常重要，主要包括：

（1）检查设备运行各部位和电气元件的可靠性，检查水、电线路及管道、冷却水管是否畅通。

（2）准备所需铅锭，以及工具、盘具等，按照工艺准备检查模具。

（3）对人员进行岗前培训，按需佩戴劳保用品，分配各个生产环节人员。

（4）对收、放线盘进行检查，检查线盘是否存在破损，机械和电气是否存在故障。

（5）对盘上的电缆线芯进行检查，检查线芯外观质量，是否存在碰伤、划伤，排线是否整齐，是否有压线乱线等情况，并做好记录。

（6）检查跟踪卡，查看其客户名称、电压等级、型号规格、长度、质量记录等。

2. 挤铅机操作要求

挤铅机的模具选配、温度设定、设备各关键部位的检查、正确的操作流程是影响铅护套质量的重要因素，应按照以下操作流程进行。

（1）推荐的模芯、模套和挤出铅管外径的关系（可供参考，具体以工艺为准）如下

$$a = b + (1 \sim 2) \qquad\qquad (4-16)$$
$$c = a + (2.0 \sim 2.3)d \qquad\qquad (4-17)$$

式中　a——模芯内径，mm；

b——电缆或橡胶管外径，mm；

c——模套内径，mm；

d——铅层厚度，mm。

（2）开机前挤铅机各部位应达到表 4-7 中的温度。

表 4-7　　　　　　　　挤铅机各区使用温度（开机前）

区域		温度（℃）
模座上部	1 区	295～300
模座下部	2 区	290～295
机身中部	3 区	300～320
机身下部	4 区	320～330
输铅管		360～380
熔铅炉		360～380

（3）机器在常温状态下进行升温，应该先升熔铅炉、机身和模座，最后升温 Ω 管，等熔铅炉和机身即将达到设定温度时开始升温 Ω 管。若同时升温，Ω 管温度先达到，会造成漏铅情况。

（4）开机前检查确认项目如下：

1）检查模座冷却系统水流是否畅通，以免模座密封圈受热损坏。

2）检查熔铅炉的液面是否达到规定值。炉内搅拌器应运行正常，随时清除炉内的浮渣杂质，符合要求后方准开通至机身的输铅阀。

3）检查润滑油和水箱的油、水量是否达到规定值，并检查油、水温度：油温不超过 60℃，水温不得超过 35℃，热交换器的进水温度为 20～25℃，并检查进水流量经过滤器后的水是否清洁及有无堵塞现象。

（5）开机前 10～15min 把熔化炉到机身的输铅管温度升至 380℃，然后开通输铅阀，使铅液流入机身。

（6）开通循环软水热交换器的外冷却水。

（7）开启主电机，其次序为主电机用风扇电机→主电机→循环软水泵→普通冷却水泵。因润滑油循环冷却泵始终处于工作状态，故正常开车时不在此列；但首次开车时，此泵应提前 30min 开启。这时，油热交换器的外冷却水应同样开启工作。软化水循环泵的水压应调整到 0.8～1MPa，普通冷却水泵的水压应调整到 0.8～1MPa，此时如发现循环水泵抽空或水压表指针颤动，须检查软水箱中的水量，或排除管道系统内的故障。

（8）在螺杆转速为 4.5～5r/min 时，运行 5～10min，然后缓慢调节机身冷却水的流量，使机身温度均衡下降。此时机身加热区加热电源已切断，使机身 3 区保持 190～200℃，4 区保持 250～260℃。随着机身温度逐渐下降，可缓慢调节主机转速，使出铅量稳步提高，达到所需用量。

调节主机转速和机身温度时缓慢进行，应严密监视水的流量、机身各区温度变化、主电机电流的变化，并随时调整，一般调整步骤为：① 开启机身 3、4 两区的冷却水，水流量一般控制在 0.5～1L/min 左右；② 当 3 区的温度降到 300℃ 时，随即关闭 3 区和 3-4 区的冷却水，然后开启 4 区的冷却水，稍后重新开启 3、4 区冷却水。此过程中要小心监视机身内各检查点的温度，应升高转速，此时主电机电流也会增大，说明此时铅液已进入机身。此时重新开启 3 区冷却水，如主电机电流和挤出量增大，则可使主机转速和冷却水流量逐步增大。主电机转速的增大只能使电流升高或趋于平衡，而不会下降。此时，机身的热量已处于平衡状态，故可使主电机的转速和冷却水流量稳步增加，最终达到规定的出铅量。这样的调节过程一般是 10～20min，但若冷却水的进水温度偏高和机身冷却管道有水垢妨碍热传导，则调节时间要延长，严重时要停机清理。

（9）正常生产中推荐的各区使用温度参考表 4-8，具体以工艺为准。

表4-8　　　　　　　　　挤铅机各区使用温度（正常生产）

区域		温度（℃）
模座上部	1 区	295～300
模座下部	2 区	290～295
机身中部	3 区	220～240
机身下部	4 区	270～310

续表

区域	温度（℃）
输铅管	340～360
熔铅炉	360～380

正常生产过程应重点关注以下几点：

1）挤合金铅时因各种合金铅的牌号和性能不同，各区的温度也略有变化，一般是低转速低挤出量时机身温度 3、4 区要高一点；高转速高挤出量时机身温度 3、4 区要低一点。

2）在挤出量未稳定前，切勿开启模口冷却水，要调节到排出的水温调节在 40～60℃时才开始冷却。需要时可用冷却水槽的喷头冷却铅管。

3）熔铅炉液面指示器应每天涂高温二硫化钼润滑油脂，输铅阀处的螺纹每次开动前应涂高温二硫化钼润滑油脂。

4）当模座压力异常增大，活塞被推出，安全片爆裂时，应立即停机检查。

5）开机时应经常巡回检查地下坑内的仪表、机件、管道等。

6）在加热开机时应注意输铅管连接处的密封情况，一旦发现漏铅应立即关闭输铅阀，并切断加热电源。

3. 挤铅机常见故障及排除方法

（1）在规定的加温时间内，机器达不到所需要温度时：

1）检查所有电流强度（安培数）；检查所有的熔丝是否正常。

2）检查所有的电热元件。

3）检查所用的热电偶。

4）检查所用的温度控制器。

根据所检查的故障内容进行更换电流表、熔丝、电热元件、热电偶、温度控制器等。

（2）当机器已达到所需温度，而主电机已启动运行，但无铅挤出时：

1）检查输铅管道或放铅阀是否有漏铅或堵死，以及绝热层是否被破坏。

2）检查主电机和齿轮箱之间联轴节的安全销。

3）检查机身是否有铅进入。

4）重新加热到运行温度，启动主电机，在铅液输入管道前关掉冷却水 5～10min 后，调节输铅温度，按正常生产工艺操作。

（3）机器已运行，铅也曾挤出，但不久铅的挤出量就明显下降，直至无铅挤出：

1）检查进铅情况，输铅管和放铅阀是否泄漏和堵死，或放铅阀是否开妥。

2）机身温度过高或过低，应重新处理机身、模座的各区温度。

（4）机器运行正常，但铅液产量不均匀或太低：

1）检查铅的纯度，一般是由于铅的不纯引起。

2）温度控制不严（主要是机身底部第四区的温度太高）。

3）挤出螺杆的转数没有根据机身温度选用，太快或太慢。

（5）机器运行正常，但挤出不久铅套就裂碎：

1）螺杆转速太高，或设备挤出温度太高。

2）机头冷却水不充分。

3）模具定心不良。

（6）机器运行正常，产品也达到预期要求，但定心难以保持，铅管厚度有波动：

1）机头的顶部和底部温度过高，铅管的偏心与机头的顶部和底部温度之差有关。

2）模具模盖冷却不均匀。

3）模座中的加热元件发生故障或损坏。

4）模具定位不到位或调偏心过度导致模具损坏，此时需重新定位模具或停机更换模具。

5

海底电缆附件制造设备及工艺

　　海底电缆附件是连接电缆与电缆、电缆与设备的重要产品，其质量直接影响到电缆输电线路的稳定运行。海底电缆附件的组成零部件数量和使用材料种类较多，其采用的制造设备及工艺复杂而精细。

　　海底电缆附件的主要零部件一般包括金属部件（如连接金具、法兰、尾管、铜壳）、橡胶预制件（如应力锥、整体预制式接头主体）、环氧预制件（如环氧套管、组合预制式接头主体）、外绝缘套管（包括终端瓷套、复合套管）等，其制造工艺主要包括金属材料加工、橡胶成型、环氧浇注成型以及外绝缘套管成型等，本章将重点介绍海底电缆附件的制造设备及工艺。

≫ 5.1 制 造 设 备 ≪

　　海底电缆附件的制造设备主要包括金属材料加工设备、橡胶注射成型设备、环氧树脂浇注设备、外绝缘套管加工设备等，考虑到金属材料加工设备主要为车床、铣床、磨床、冲床等常见设备，本章节不作单独介绍。

5.1.1　橡胶注射成型设备

　　橡胶注射成型设备可分为固态橡胶注射成型机和液态橡胶注射成型机。固态橡胶注射成型机一般用于成型三元乙丙橡胶制品和固态硅橡胶制品；液态橡胶注射成型机一般用于成型液态硅橡胶制品。

1. 固态橡胶注射成型机

固态橡胶注射成型机一般由塑化组件、注射组件、锁模硫化组件、控制组件、基座等组成，固态橡胶注射成型机结构如图 5-1 所示。

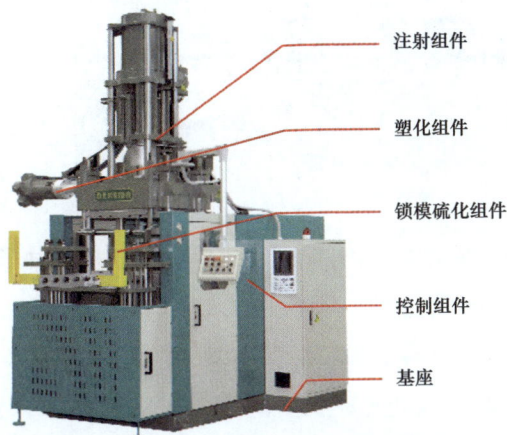

注射组件

塑化组件

锁模硫化组件

控制组件

基座

图 5-1 固态橡胶注射成型机结构

（1）塑化组件。主要由塑化温油系统、螺杆、螺杆动力系统组成，承担软化材料并排出材料内部空气的作用。

（2）注射组件。主要由注射料筒、喷嘴、喷嘴温油系统、料筒温油系统、注射动力系统组成，其主要作用为按照设定的速度将完成塑化的材料注射到模具内。

（3）锁模硫化组件。主要由液压锁模系统、模板加热系统组成，其主要作用为提供锁模压力及硫化温度。

（4）控制组件。主要有机械动作控制面板（塑化动作、开合模动作、注射动作等）、参数设置面板（加热系统、温油系统、时间及其他相关参数）、电气控制系统等。

（5）基座。承担支撑、固定设备等作用。

2. 液态橡胶注射成型机

液态橡胶注射成型机一般由供料组件、锁模硫化组件、控制组件、基座等组成，液态橡胶注射成型机结构如图 5-2 所示。

（1）供料组件。主要由供料系统、静态混料器组成，其主要作用为将 A、B 组分材料混合均匀，并将材料注射到模具内。

图 5-2　液态橡胶注射成型机结构

（2）锁模硫化组件。主要由液压锁模系统、模板加热系统组成，其主要作用为提供锁模压力及硫化温度。

（3）控制组件。主要有机械动作控制面板（塑化动作、开合模动作、注射动作等）、参数设置面板（加热系统、温油系统、时间及其他相关参数）、电气控制系统等。

（4）基座。承担支撑、固定设备等作用。

5.1.2　环氧树脂浇注设备

环氧树脂材料的生产方式一般为环氧树脂真空浇注（VC）和自动压力凝胶（APG）两种，VC 一般用于高电压、大体积的电工用环氧预制件的生产，其生产设备和工艺过程更加复杂；APG 一般用于中低压电缆附件用环氧预制件的生产。本书以环氧树脂真空浇注设备为例进行介绍。

环氧树脂真空浇注设备一般由计量混料罐、固化剂罐、填料干燥罐、真空浇注室、静态混料器等组成，环氧树脂真空浇注设备结构如图 5-3 所示。

图 5-3　环氧树脂真空浇注设备结构

（1）计量混料罐。由搅拌器、计量泵、计量泵驱动、带有单向阀的导流块组成，将环氧树脂与填料混合均匀。

（2）固化剂罐。由搅拌器、计量泵、计量泵驱动组成，以真空处理的方式脱去固化剂中吸附的水分、低分子挥发物。

（3）填料干燥罐。由加热滚筒、搅拌器、旋风过滤器、旋叶给料阀组成，以真空处理的方式脱去填料中吸附的水分。

（4）真空浇注室。由混合卸料阀、浇注阀、加热板、真空系统组成，将混合料在一定的浇注速度下浇入模具内。

（5）静态混料器。由树脂冲洗阀、滑板和滑板驱动组成，其主要作用将预混料与固化剂混合均匀。

5.1.3　外绝缘套管加工设备

外绝缘套管按其使用材料的区别，可分为终端瓷套和复合套管，因此，其使用的加工设备也有较大不同。

1. 复合套管成型设备

复合套管成型设备主要有成型撑管设备缠绕机、复合套管雨裙注射成型设备。

（1）成型撑管设备缠绕机。缠绕机主要由缠绕机床头、缠绕机轨道及支撑、缠绕机主传动系统、缠绕小车、小车轨道、尾座承梁系统、电加热恒温胶槽及收纱装置、计算机及控制柜（主、副两柜）、放纱架、绕丝咀、控制系统、缠绕机驱动床头、床尾等组成。缠绕机实物如图5-4所示。

图5-4　缠绕机实物

（2）复合套管雨裙注射成型设备。复合套管雨裙注射成型设备为固态硅橡胶成型设备，固态硅橡胶注射成型设备结构如图 5-5 所示，其组成部件参照 5.1.1 中的固态橡胶注射成型机的相关介绍。

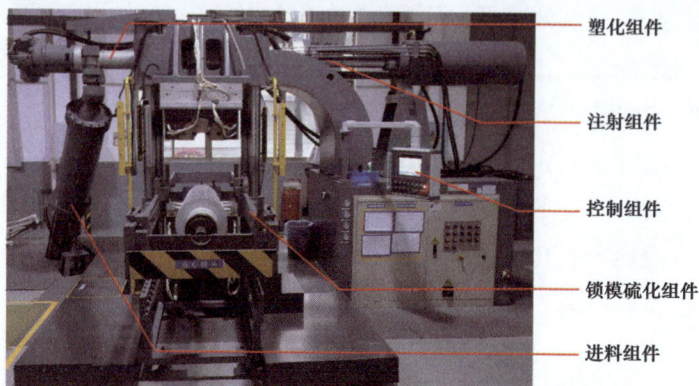

塑化组件

注射组件

控制组件

锁模硫化组件

进料组件

图5-5 固态硅橡胶注射成型设备结构

2. 终端瓷套成型设备

在整个终端瓷套制造的工艺过程中，涉及的生产设备包括球磨机、泥浆磁选机、榨泥机、真空练泥机、自动控制钟窑炉、立式数控电瓷修坯机等成型设备。

（1）球磨机。球磨机由给料部、出料部、回转部、传动部等主要部分组成。中空轴采用铸钢件，内衬可拆换，回转大齿轮采用铸件滚齿加工，筒体内镶有耐磨衬板，具有良好的耐磨性。将按比例要求配好的原材料加入球磨机内研磨到一定细度。球磨机如图 5-6 所示。

图5-6 球磨机

（2）泥浆磁选机。泥浆磁选机的镀锌格子都具有极性，当泥浆流入其中时便被分成很多细流，它们通过大量磁铁极时，铁将会被吸住，操作一段时间后，再利用弹簧把电磁铁从槽中取出。为了防止电流突然中断，还应设置一块挡板，以阻止泥浆流入磁选机中。泥浆磁选机如图5-7所示。

图5-7 泥浆磁选机

（3）榨泥机。榨泥机主要由机架、滤板及加压装置三部分组成，主要用于除铁后泥浆的榨泥操作。榨泥机如图5-8所示。

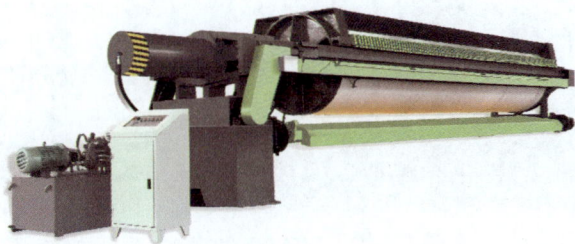

图5-8 榨泥机

（4）真空练泥机。真空练泥机主要由传动系统、加料系统、真空系统及输送挤压系统四部分组成。传动系统主要用于驱动挤出螺旋与加料螺旋；加料系统中的加料槽一般采用桨叶（刀片）和梳板结构，桨叶组成断续的螺旋面，对泥饼进行破碎、搅拌、输送，梳板是为了防止泥饼随桨叶旋转而设置；真空系统包括真空室、真空管路等部分，主要作用是对泥料进行真空。真空练泥机如

图 5-9 所示。

图 5-9 真空练泥机

（5）自动控制钟窑炉。顾名思义，自动控制钟窑炉的外形如一座高大的钟。烧成时需将窑体罩在高大的产品上，然后点火烧成。烧成完毕再将钟吊起来，放在一旁。钟窑炉特别适合用于烧成绝缘子电瓷等产品。自动控制钟窑炉如图 5-10 所示。

图 5-10 自动控制钟窑炉

（6）立式数控电瓷修坯机。立式数控电瓷修坯机主要由机械部分和数控部分组成。立式数控电瓷修坯机如图 5-11 所示。

1）机械部分。主要包括机床座、导轨座、线性导轨、滑板、滚珠丝杆等，滑板可以沿导轨上下移动，滚珠丝杆通过皮带与伺服电机相连，同时通过刀架盒与刀架相连。

2）数控部分。主要包括控制柜，柜内包含主机、操作面板、显示器等，主机通过伺服驱动器与伺服电机相连。

图 5-11 立式数控电瓷数控修坯机

≫ 5.2 制 造 工 艺 ≪

海底电缆附件按照制造工艺分类可分为橡胶件、环氧浇注件及外绝缘套管三类。

5.2.1 橡胶件成型工艺

橡胶件是整个电缆附件最关键的部件之一，多采用弹性橡胶在工厂预制成型，由于尘埃和水分对橡胶件的性能有重要影响，因此生产过程应严格控制储存区域以及生产场地的洁净度、温度和湿度，一般来说，环境温度需控制为25～30℃，相对湿度控制为 40%～50%，核心工序的环境洁净度要求十万级。电缆附件生产洁净车间如图 5-12 所示。

图 5-12 电缆附件生产洁净车间

1. 固态橡胶成型工艺

固态橡胶主要成型高压产品为整体预制式中间接头主体、应力锥，一般使用三元乙丙橡胶或硅橡胶成型。以整体预制式中间接头主体成型工艺为例，整体预制式中间接头主体工艺流程如图 5-13 所示。

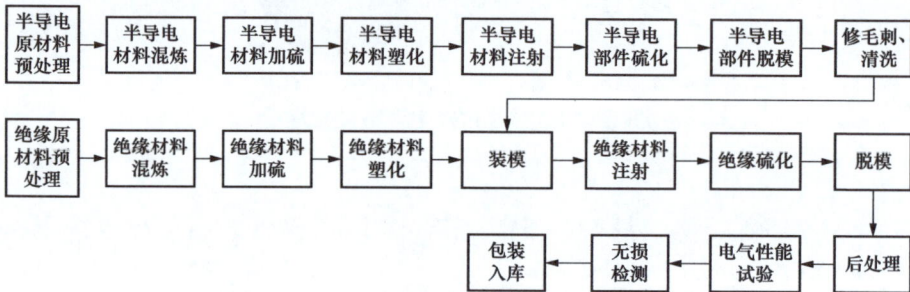

图 5-13 整体预制式中间接头主体工艺流程

下面针对图 5-13 中的主要环节做以下详细介绍：

（1）原材料预处理。针对不同的原材料，处理方式稍有区别。如橡胶基材、填料（白炭黑、炭黑、陶土、滑石粉等）、防老剂、操作油等，需进行烘烤、粉碎、过滤等处理，以达到去潮、易分散、去除杂质等目的。

（2）材料混炼。材料混炼是指将橡胶基材、填料、辅料、防老剂、操作油、偶联剂等原材料通过密炼机混炼在高温高压下混炼均匀，加工成混合均匀的混炼橡胶。材料混炼通常采用的设备为密炼机，密炼机如图 5-14 所示。

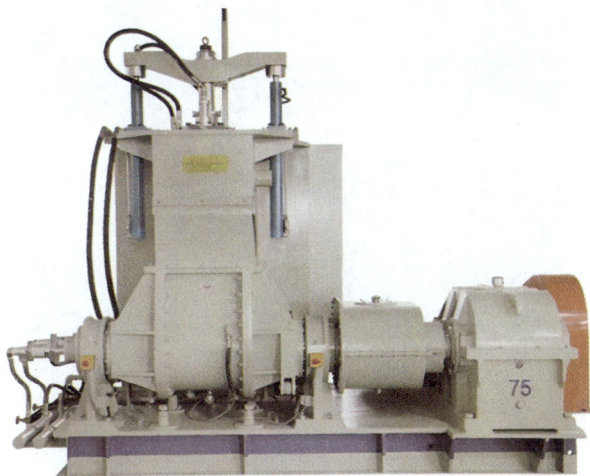

图 5-14 密炼机

混炼后需要进行热处理过滤，即采用捏合机或开炼机在高温下对材料进行挤压，达到去除材料内易挥发分子的目的，然后通过挤出机对材料进行过滤，去除材料内的杂质颗粒，为达到更好效果可采用多次过滤处理。

（3）材料加硫。材料加硫是指使用捏合机或开炼机在低温下将硫化剂均匀分散在完全冷却的橡胶材料内，开炼机如图 5-15 所示。

图 5-15 开炼机

（4）材料塑化。固态橡胶材料塑化一般是指注射前在一定的温度下通过螺杆旋转剪切将材料软化，同时达到排气的目的，并传送至料筒内保温。材料塑化如图 5-16 所示。

图 5-16　材料塑化

（5）注射。固态橡胶材料注射是指在一定的温度及真空度下，通过橡胶注射成型机储料筒内柱塞平推将半导电材料注射进模具内。注射前需挤出设备喷嘴已经硫化材料（俗称打料头），并对模具型腔内抽真空。

（6）硫化。硫化是指橡胶材料在模具型腔内，在一定的温度、时间和压力下发生交联反应，形成致密的、具有一定强度且有弹性的制品。硫化三要素为重点关注对象，即硫化温度、时间、压力。

（7）复合成型装模。装模是指将半导电部件按工艺要求组装至绝缘成型模具内部，并将模具组装至可注射状态。装模过程要保持型腔内部洁净，避免装模过程带入异物，导致产品最终电性能试验不合格，且装配半导电部件时要严格控制装配尺寸，避免成型绝缘时出现半导电异位的现象。装模如图 5-17 所示。

（8）后处理。后处理包含修理毛刺及车床加工，使用车床加工去除工艺余量，达到产品设计尺寸。

（9）X 射线无损检测。X 射线无损检测的原理主要基于 X 射线的穿透性和与物质相互作用时的衰减效应。通过分析成像图片，有效检测出产品内部缺陷。

图 5-17　装模

2. 液态硅橡胶成型工艺

液态硅橡胶成型工艺与固态乙丙胶成型工艺相比，注射前工艺存在差异，为采用符合产品性能的 A/B 组分硅橡胶成型，其 A/B 组分硅橡胶在注射进模具前通过静态混料器使 A/B 组分硅橡胶充分混合均匀。液态硅橡胶成型流程如图 5-18 所示。

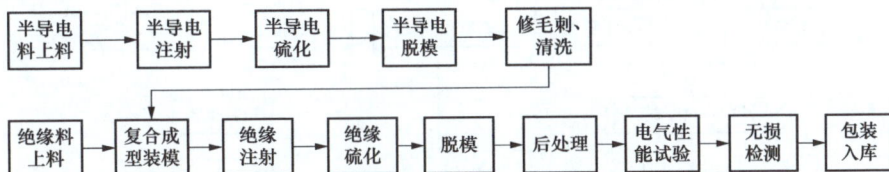

图 5-18　液态硅橡胶成型流程

下面针对上述流程图中的主要环节做详细介绍。

（1）上料。上料是指将液态 A 组分和 B 组分材料分别安装至供料系统中，安装过程需排出内部空气。

（2）注射。注射是指供料系统将液态 A 组分和 B 组分材料通过静态混料器混合均匀后注射进模具型腔，注射前需对模具型腔内抽真空。

（3）复合成型装模。复合成型装模是指将半导电部件按工艺要求组装至绝缘成型模具内部，并将模具组装至可注射状态。装模过程要保持型腔内部洁净，避免装模过程带入异物，导致产品最终电性能试验不合格，且装配半导电部件时要严格控制装配尺寸，避免成型绝缘时出现半导电异位的现象。

（4）后处理。后处理包含修理毛刺及车床加工，使用车床加工去除工艺余量，达到产品设计尺寸。

5.2.2 环氧浇注工艺

环氧浇注包括环氧真空浇注（VC）和自动压力凝胶（APG）。VC 一般用于高电压、大体积的电工用环氧绝缘件制品的生产，APG 一般用于中低压电缆附件。

由于环氧树脂材料具有良好的黏附性、电气绝缘性、耐湿性、耐化学性以及机械加工性能，并且在固化过程中不易产生挥发物，成型时收缩率相对较小，使得环氧树脂在真空条件下能获得无气隙的浇注制品，因而环氧树脂材料及其制品在电工行业中得到了广泛的应用。

环氧绝缘件制品内外表面应无杂质、气孔，表面光滑、色泽均匀，绝缘层与金属层黏接良好、无气隙，绝缘体内部无缺陷、结构致密无分层。

环氧树脂绝缘件生产流程如图 5-19 所示。

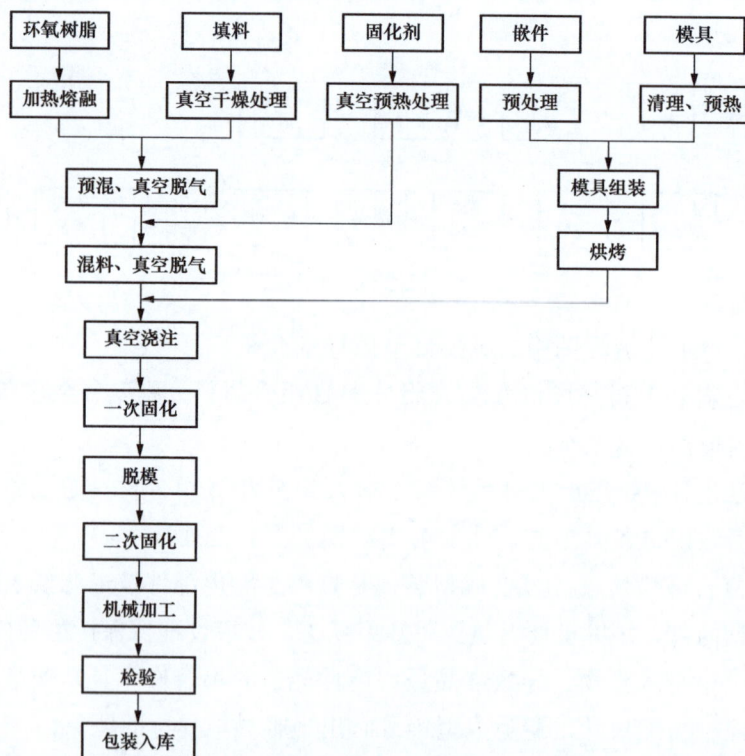

图 5-19 环氧树脂绝缘件生产流程

下面针对图 5-19 中的主要环节做以下详细介绍。

1. 原材料的预处理

原材料预处理是在一定温度下加热一定时间并经过真空处理以脱去原材料中吸附的水分、气体及低分子挥发物，以达到原材料洁净、干燥的目的。

2. 混料

混料的目的是使环氧树脂、填料、固化剂及其他辅料等混合均匀，便于进行后续的固化反应。VC采用动态混料、间歇式生产方式，其混料过程包括一次混料（树脂与填料的预混合，形成预混料）和二次混料（预混料与固化剂的混合）。

一次混料是指在一定的温度及真空下，将环氧树脂、填料等按照工艺配比经自动投料系统投入预混罐中，经过一定的预混合时间，使填料被环氧树脂充分浸润、混合均匀。

二次混料又称静态混料，是指在制品生产过程中，预混料、固化剂按照工艺配比自动计量后进入静态混料器，通过静态混料器的混合作用，在极短的时间内将预混料和固化剂混合均匀，并进入浇注（或压注）管路，达到"即混即用、连续生产"的目的，确保混合料黏度、温度的一致性和制品质量的稳定性。

3. 浇注

浇注是对VC而言，是指将组装好并预热到一定温度的模具放入真空浇注罐中，浇注罐控制在一定的温度及真空度下，将上述混合料在一定的浇注速度下浇入模具内，浇注完成后继续维持一段时间的真空，然后再关闭真空，打开浇注罐，将模具送入固化箱进行固化。真空浇注如图5-20所示。

图5-20 真空浇注

4. 产品固化及脱模

环氧绝缘件的固化分为一次固化（也叫初固化）和二次固化（也叫后固化）。

对 VC 而言，制品的初固化是在固化箱中完成。选择合适的固化温度及固化时间，使模具中的混合料经过一系列的固化反应在模具内固化成型，从而赋予制品初始的外观形态、力学性能和电气性能。但此时的制品还不能满足技术要求，制品脱模后，必须立即在专用固化箱中进行后固化。经过后固化的制品随炉冷却后，即可进行初步的外观检验。VC 的初固化和后固化时间均较长，总固化时间在 24h 以上，且基本上是一模一出，因而 VC 的模具周转率和生产效率比较低。产品固化如图 5-21 所示。

图 5-21　产品固化

环氧真空浇注工艺、自动压力凝胶工艺都是比较复杂的环氧绝缘件成型工艺，环氧绝缘件的质量管控主要包括原材料的质量管控、制品成型过程的质量管控和环氧绝缘件的质量检测。

5.2.3　外绝缘套管成型工艺

外绝缘套管成型包括复合套管成型和终端瓷套成型。

1. 复合套管成型工艺

复合套管成型包含撑管成型、雨裙成型及黏接顶底座。复合套管撑管采用环氧树脂作为基体和增强材料（高强度玻璃纤维）通过缠绕法在型芯上成型，完成后移至烘箱内进行固化，固化完成冷却至室温，采用车床加工到所需产品尺寸，然后进行清理包装；雨裙成型主要步骤为将撑管装在配置模具模芯上，然后注射绝缘硅橡胶硫化成型雨裙部分；最后使用环氧树脂胶黏剂黏接顶底座。

复合套管成型工艺流程如图 5-22 所示。

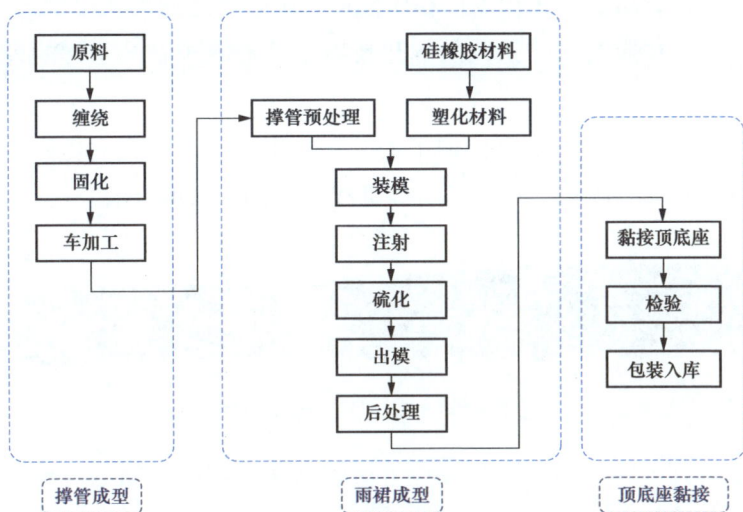

图 5-22 复合套管成型工艺流程

下面针对上述流程图中的主要环节做以下详细介绍。

（1）缠绕。缠绕是指将浸泡在环氧树脂的玻璃纤维利用缠绕机均匀缠绕在型芯上的过程。缠绕过程如图 5-23 所示。

图 5-23 缠绕过程

（2）固化。制品的固化在固化箱中完成。选择合适的固化温度及固化时间，使玻璃纤维上的树脂经过一系列的固化反应，从而赋予制品初始的外观形态、力学性能和电气性能。

（3）车加工。车加工是机械加工的一种，指利用车床将固化完成的制品加工成符合图纸要求的尺寸。车加工的撑管成品如图5-24所示。

图5-24　车加工的撑管成品

（4）撑管预处理。撑管预处理包含撑管清洗、刷涂胶黏剂及预热等步骤，其主要目的为使绝缘材料与撑管黏接牢固。

1）撑管清洗：一般使用酒精等强溶剂性溶剂清洗，能有效去除表面附着物。

2）刷涂胶黏剂：在撑管表面整体刷涂胶黏剂，作为撑管与橡胶黏接的中间连接剂。

3）预热：将撑管加热至工艺温度，以提高胶黏剂分别与绝缘材料、撑管的黏接强度。

（5）材料塑化、注射、硫化。具体工艺与橡胶成型工艺一致。

（6）装模、出模。装模是指将撑管按工艺要求组装至成型模具内部，并将模具组装至可注射状态。装模过程要严格控制型腔内部洁净度，避免装模过程带入异物，导致产品最终电性能试验不合格；出模是指将完成硫化的产品从模具中脱出的过程。装模、出模过程如图5-25所示。

图5-25　装模、出模过程

（7）后处理。后处理包含修理毛刺，利用美工刀及剪刀等工具将产品成型过程中的飞边、毛刺去除。

（8）顶底座黏接。顶底座黏接是使用环氧树脂胶黏剂作为填充与黏接的介质，把顶座、底座与撑管间隙填充完全，并在一定的温度及压力下完成固化，最终使得顶座、底座与撑管紧密连接。因固化温度较低，一般使用带加热系统及加压系统工装。黏接顶底座如图5-26所示。

图 5-26　黏接顶底座

2. 终端瓷套成型工艺

以 220kV 户外终端瓷套为例，其主要工艺流程包括原料准备及混合、杂质去除及成型、上釉及烧成、检测试验以及胶装五部分，户外终端瓷套生产流程如图 5-27 所示。

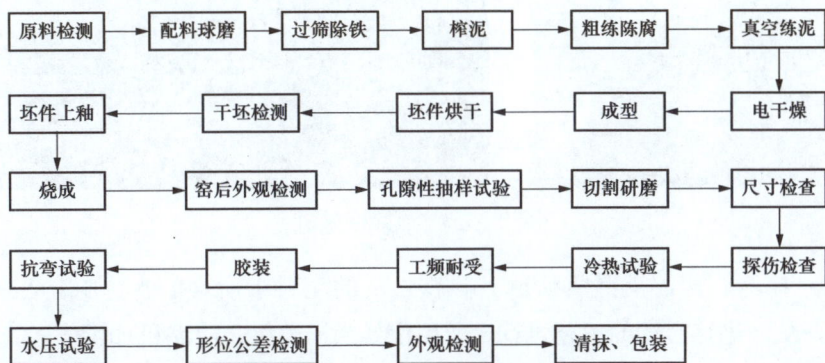

图 5-27　户外终端瓷套生产流程

下面针对图 5-27 中的主要环节做详细介绍。

（1）原料检测。原料检测指原料在加工处理以前要进行拣选或清洗，剔除与主要黏土矿物成色有主要差异的部分，去掉其他杂质与泥沙。

（2）配料球磨。利用球磨机研磨原料，将几种原料均匀混合，同时保证料浆的细度和颗粒密度，是制泥过程中的关键工艺之一。球磨机如图 5-28 所示。

图 5-28　球磨机

（3）过筛除铁。铁钛杂质对电瓷材料有害，因此要利用选矿技术除去原料中的铁钛杂质，主要方法包括淘洗法、水力旋流分离法、化学除铁法等。此流程所用设备为过筛除铁机，过筛除铁机如图 5-29 所示。

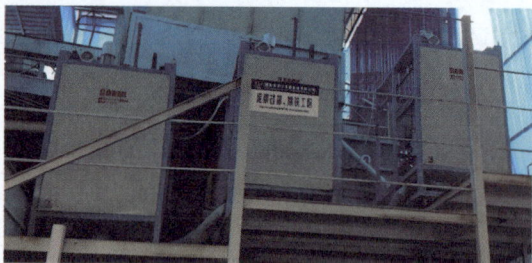

图 5-29　过筛除铁机

（4）榨泥。榨泥就是将研磨、除铁之后的泥料中所含的水分除去，制成可塑泥料，从而进行后续的工艺过程，所用设备为榨泥机，榨泥机如图 5-30 所示。

（5）粗练陈腐。陈腐就是将泥饼或粗练后的泥段堆放于一适当大小的、阴湿的密闭泥库里，使之不受风吹和干燥作用。经过若干星期后，泥料的可塑性会大大提高。陈腐室如图 5-31 所示。

图 5-30 榨泥机

图 5-31 陈腐室

（6）真空练泥。通过真空练泥，可以排除泥料中的气体，改善泥料烧制后的瓷质性能，同时破坏泥料的定向结构，消除或减小泥料颗粒定向作用的危害。此流程所用设备为真空练泥机，真空练泥机如图 5-32 所示。

图 5-32 真空练泥机

（7）成型。将制备好的电瓷泥料按照产品工艺放尺图纸的要求，使用各种加工方法制成具有一定几何形状和尺寸的坯件，这一生产过程称为成型，终端瓷套成型设备为修胚机。数控内外仿型修坯机如图 5-33 所示。

（8）坯件烘干。此工艺流程是将成型好的坯件烘干，排除坯件中的机械结合水分，使湿坯干燥收缩的过程，从而提高毛坯的强度。坯件烘干采用的烘房如图 5-34 所示。

图 5-33　数控内外仿型修坯机

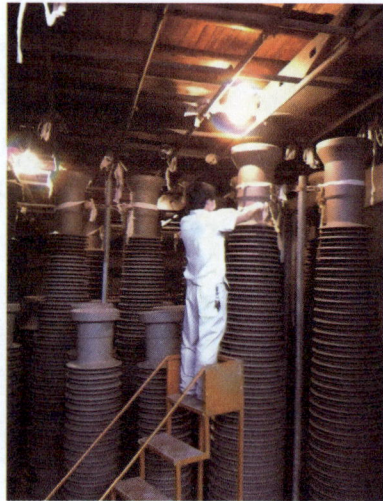

图 5-34　坯件烘干采用的烘房

图 5-35　釉浆测溶度

（9）坯件上釉。在坯件表面施一层釉水，使其光滑、光亮，此步要确保釉层的厚度一定、均匀。釉浆测溶度如图 5-35 所示。

（10）烧成。烧成是对电瓷生坯进行适当的热处理后，使生坯变成有一定几何形状、尺寸以及相应的使用性能的瓷件。该过程包括了水分排除、质量减轻、体积收缩、强度增加、颜色改变和晶体转化等物理变化，也包括硫酸盐及碳酸盐分解、有机物氧化等化学变化。此工艺主要在窑炉进行，数控天然气梭式窑炉如图 5-36 所示。

图 5-36　数控天然气梭式窑炉

（11）切割研磨。对烧成的瓷件进行切割研磨，满足对瓷件尺寸的准确度和端面平整度的要求，同时便于后续与其他附件进行胶装。数控瓷套研磨机床如图 5-37 所示。

图 5-37　数控瓷套研磨机床

（12）检查。对切割研磨后的瓷件进行尺寸、机械性能、电气性能检查。检查过程如图 5-38 所示。

（13）胶装。将一些分节成型的瓷件或将瓷件与法兰盘、底座等金属附件结合在一起的过程称为胶装。

瓷件与法兰盘、底座等金属附件的黏接一般采用水泥胶合剂。胶装时，先将瓷件、金属附件按照图纸要求组装好，然后将胶合剂浇注在瓷件、附件之间的缝隙内，应排尽胶合剂中的空气，使胶合剂更加致密。瓷件与金属法兰胶装如图 5-39 所示。

图 5-38　检查过程

图 5-39　瓷件与金属法兰胶装

　　瓷件与瓷件的黏接一般采用有机黏接和无机黏接两种工艺路线。无机黏接是指采用由无机物质制成的黏接剂，一般为硅酸盐、磷酸盐和铝酸盐化合物，通常采用化学反应固化的方式，将黏合界面化学键结合。有机黏接是指采用由有机物质制成的黏接剂，通常采用物理吸附或者化学反应的方式来将黏合界面黏接在一起。此外，瓷件采用两节或多节黏接工艺，应尽量避免黏接处位于终端高电场强度区域，且两节瓷件黏接时形成的"台阶"应按照电缆附件产品要求严格执行，瓷件与瓷件胶装时形成的"台阶"如图 5-40 所示。

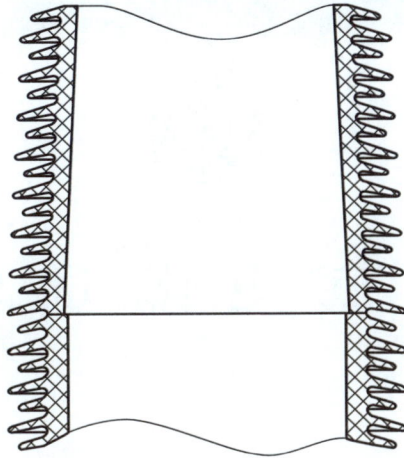

图 5-40　瓷件与瓷件胶装时形成的"台阶"

6

海底电缆试验

由于海底电缆与陆地电缆具有相似的结构组成，导体、绝缘及屏蔽等主要结构采用相近工艺，因此试验方式也有较大共同点。而海底电缆与陆地电缆在成缆过程中和运行过程中最大的差异体现在防水、防止海洋环境侵蚀及防止海洋中的破坏等方面，因此需要针对以上特点针对性开展相应试验，以检测海底电缆从材料、成品到系统的质量水平。

≫ 6.1 原材料试验

本节介绍了海底电缆用原材料的试验，包括电工用铜线坯、导体半导电阻水带、半导电屏蔽料、绝缘料、半导电缓冲阻水带、合金铅、沥青、护套料、聚丙烯 PP 绳、光纤单元等。

6.1.1 电工用铜线坯

电工用铜线坯作为导体及线材的原材料，具体试验项目可参照 GB/T 3952 《电工用铜线坯》、GB/T 3953《电工圆铜线》，以及电缆制造商与原材料供应商的技术协议。

电缆导体常用的铜线坯经由连铸连轧流程制成，常用型号为 T1、T2。

铜线坯入厂时应进行表观目视检查，线坯圆整、尺寸均匀，无皱边、飞边、裂纹、夹杂物等缺陷，可直接用于导体线材加工。

对于铜线坯材料，一般检验其化学成分，方法可按 GB/T 5121《铜及铜合金化学分析方法》的规定进行；杂质元素、元素组总质量分数应符合标准规定，并且线坯含氧量应符合相应规定（如 T1 含氧量不大于 0.040%，T2 含氧量不大于 0.045%）。

铜线坯的直径及其允许偏差应符合标准规定，测量方法按 GB/T 4909.2《裸电线试验方法　第 2 部分：尺寸测量》的规定进行；对于公称直径 8.0mm 的线坯，允许偏差为±0.4mm。

铜线坯机械性能主要包括抗拉强度和伸长率；室温下拉伸试验按 GB/T 4909.3《裸电线试验方法　第 3 部分：拉力试验》的规定进行；对于常用的 T1 材质，伸长率不小于 40%；T2 材质的伸长率不小于 37%。铜线坯还应进行扭断试验，即正转/反转一定次数不发生断裂；扭断试验按 GB/T 4909.4《裸电线试验方法　第 4 部分：扭转试验》的规定进行；对于常用的 T1 材质，正转/反转次数不少于 25 次；T2 材质的正转/反转次数不少于 20 次。

铜线坯电性能包括电阻率（质量电阻率和体积电阻率）等。电阻率测试方法按 GB/T 3048.2《电线电缆电性能试验方法　第 2 部分：金属材料电阻率试验》的规定进行；对于常用的 T1 材质，20℃体积电阻率不大于 $0.017070\Omega \cdot mm^2/m$，对 T2 材质，20℃体积电阻率不大于 $0.017241\Omega mm^2/m$。

用连铸连轧法生产的铜线坯，若用户有要求时，还对直径 8mm 铜线坯进行铜粉量测试（测试方法依照 GB/T 3952《电工用铜线坯》附录 A 的规定进行），对于漆包线用铜线坯，铜粉量应不大于 8mg/250mm；其他用铜线坯应不大于 15mg/250mm。

对于每批铜线坯，一般进行化学成分、尺寸偏差、力学性能、扭转性能、电性能和表面质量的检验；当用户要求并在合同中注明时，可进行铜粉量、退火性能及氢脆检验。

6.1.2　导体半导电阻水带

导体半导电阻水带用于导体及外表面阻水；导体半导电屏蔽包带用于导体表面的电场均匀；试验项目依据电缆制造商与原材料供应商的技术协议进行。

一般对导体半导电阻水带批次材料进行外观检查、宽度/厚度测量、单位质量测量、膨胀速率/膨胀高度测试、断裂强度和纵向断裂伸长率测试、表面电阻试验、体积电阻率试验、长期耐温/瞬时耐温测试和含水率测试。一般对导体半导电屏蔽包带批次材料进行外观检查、宽度/厚度测量、单位质量测量、膨胀速率/膨胀高度测试、含水率、拉断力、断裂伸长率测试、表面电阻试验、体积电阻率试验测试。

1. 导体半导电阻水带常用测试

导体半导电阻水带入厂时需继续进行外观检查，确保基料分布均匀，表面无波纹、分层、折痕和破损，幅边无裂口，卷绕紧密，在正常生产过程中，无分层脱粉现象。

针对膨胀性能测试，按 JB/T 10259《电缆和光缆用阻水带》规定的试验方法测量膨胀速率；含水率测试按 GB/T 462《纸、纸板和纸浆　分析试样水分的测定 》规定的试验方法进行。

导体半导电阻水带机械性能主要包括断裂强度和纵向断裂伸长率测试，按 GB/T 12914《纸和纸板　抗张强度的测定　恒速拉伸法（20mm/min）》的规定进行，制取 10 个试样，试样的宽度应为 15mm±0.1mm，试样的长度不小于 250mm；测试断裂力需大于等于 32N/cm；纵向断裂伸长率需大于等于 10%。

导体半导电阻水带电性能包括表面电阻试验和体积电阻率试验，按 JB/T 10259《电缆和光缆用阻水带》规定的方法进行阻水带的电阻试验和体积电阻率试验；测试表面电阻需小于等于 $1\times10^{4}\Omega$；体积电阻率需小于等于 $1\times10^{6}\Omega\cdot cm$。

2. 导体半导电屏蔽包带常用测试

导体半导电屏蔽包带外形应平整，边幅整齐、干燥，无裂口、霉点、硬杂质等。半导电阻水绑扎带的厚度应采用精度不小于 0.01mm 的测量工具（测厚仪）进行测量，宽度应采用精度不小于 0.1mm 的测量工具（游标卡尺）进行测量。

针对膨胀性能测试，按 JB/T 10259《电缆和光缆用阻水带》规定的试验方法测量膨胀速率；含水率测试按 GB/T 462《纸、纸板和纸浆　分析试样水分的测定 》规定的试验方法进行。

导体半导电屏蔽包带的机械性能主要包括纵向抗拉强度和纵向断裂伸长率测试，按 GB/T 12914《纸和纸板　抗张强度的测定　恒速拉伸法（20mm/min）》规定的试验方法进行，纵向抗张强度大于等于 200N/cm；纵向断裂伸长率大于等于 20%。

6.1.3　半导电屏蔽料

半导电屏蔽料包括导体屏蔽料和绝缘屏蔽料，试验可参照 JB/T 10738《额定电压 35kV 及以下挤包绝缘电缆用半导电屏蔽料》，其规定了交联型、热塑型聚烯烃类半导电屏蔽料的技术要求和试验方法。

对半导电屏蔽料进行外观目视检查，呈黑色颗粒状，色泽和质地均匀，颗粒间不应有明显粉末状物质。

半导电屏蔽料的机械物理性能包括密度、拉伸强度、断裂伸长率、空气热老化试验、冲击脆化温度、热延伸、热变形、剥离强度（要求时）。密度试验按GB/T 1033《塑料 非泡沫塑料密度的测定》的规定进行。拉伸强度和断裂伸长率试验按 GB/T 1040《塑料 拉伸性能的测定》的规定进行，试样一般为 II 型哑铃片。空气热老化烘箱采用自然通风的电热老化箱，符合 GB/T 2951.12《电缆和光缆绝缘和护套材料通用试验方法 第 12 部分：通用试验方法 热老化试验方法 》的要求。冲击脆化温度试验按 GB/T 5470《塑料 冲击法脆化温度的测定》的规定进行。热延伸试验按 GB/T 2951.11《电缆和光缆绝缘和护套材料通用试验方法 第 11 部分：通用试验方法 厚度和外形尺寸测量 机械性能试验》的规定进行。

半导电屏蔽料的电气性能主要为体积电阻率（20℃和 90℃），其试验按GB/T 3048.3《电线电缆电性能试验方法 第 3 部分：半导电橡塑材料体积电阻率试验》的规定进行。

半导电屏蔽料的工艺性能包括挤出温度范围、流变特性、交联工艺等，要求时提供。

6.1.4 绝缘料（XLPE、聚丙烯）

绝缘料试验可参照 JB/T 10437《电线电缆用可交联聚乙烯绝缘料》和T/CEEIA 514《66kV～220kV 交流电力电缆用可交联聚乙烯绝缘料和半导电屏蔽料 第 1 部分：66kV～220kV 交流电力电缆用可交联聚乙烯绝缘料》的规定进行。试验项目依据电缆制造商与原材料供应商的技术协议。

对绝缘料进行外观目视检查，呈颗粒状，色泽和颗粒大小均匀，颗粒间不应有明显粉末状物质。

绝缘料的机械物理性能包括拉伸强度、断裂伸长率、冲击脆化温度、空气热老化试验、热延伸、凝胶含量。拉伸强度和断裂伸长率试验按 GB/T 1040《塑料 拉伸性能的测定》的规定进行。冲击脆化温度试验按 GB/T 5470《塑料 冲击法脆化温度的测定》的规定进行。空气热老化烘箱采用自然通风的电热老化箱，符合 GB/T 2951.12《电缆和光缆绝缘和护套材料通用试验方法 第 12 部分：通用试验方法 热老化试验方法》的要求。热延伸试验按 GB/T 2951.11《电缆和光缆绝缘和护套材料通用试验方法 第 11 部分：通用试验方法 厚度和外形尺寸测量 机械性能试验》的规定进行。

绝缘料的电气性能主要为介质损耗因数、相对介电常数、体积电阻率、介电强度。体积电阻率试验按 GB/T 1040《塑料 拉伸性能的测定》的规定进行，介电强度试验按 GB/T 1408.1《绝缘材料 电气强度试验方法 第 1 部分：工频下试验》的规定进行，介质损耗因数和相对介电常数试验按 GB/T 1409《测量电气绝缘材料在工频、音频、高频（包括米波波长在内）下电容率和介质损耗因数的推荐方法》的规定进行。

需对绝缘料的杂质含量进行测评。试样带在光束的照射下，杂质颗粒具有遮光性，采用恒定、连续、可调控光源。试样带在此光束下，透光和遮光的光束被电子摄像仪接收；采用杂质颗粒检测仪检测颗粒大小和数量。对于 35kV 等级可交联聚乙烯绝缘料，在 1kg 样品带上的 0.175～0.250mm 杂质颗粒数应不超过 5 颗，应无大于 0.250mm 的杂质颗粒。

绝缘料的工艺性能包括挤出温度范围、流变特性、交联工艺、基料熔体流动速率（过氧化物交联聚乙烯料）等，要求时提供。

6.1.5 半导电缓冲阻水带

半导电缓冲阻水带试验可参照 T/CEEIA 610《额定电压 110kV 及以上电力电缆缓冲层用半导电包带》和 JB/T 10259《电缆和光缆用阻水带》的规定执行。试验项目依据电缆制造商与原材料供应商的技术协议。

对半导电缓冲阻水带进行外观目视检查，其应纤维分布均匀、表面平整、无波纹、无折痕和磨损、辐边无裂口、不分层、无粉状材料脱落、目测无明显不均匀，成盘后卷绕紧密、盘面光滑。

需测试半导电缓冲阻水带的厚度/单重。厚度/单重试验按 T/CEEIA 610《额定电压 110kV 及以上电力电缆缓冲层用半导电包带》的规定进行。

半导电缓冲阻水带的机械物理性能包括断裂强度和纵向断裂伸长率、膨胀速率及膨胀高度、瞬间稳定性及长期稳定性、含水率、pH 值、热老化。断裂强度和纵向断裂伸长率试验按 GB/T 12914《纸和纸板 抗张强度的测定 恒速拉伸法（20mm/min）》的规定进行，膨胀速率和膨胀高度试验、瞬间稳定性及长期稳定性试验、含水率试验按 T/CEEIA 610《额定电压 110kV 及以上电力电缆缓冲层用半导电包带》的规定进行。

半导电缓冲阻水带的电气性能包括表面电阻、体积电阻率。表面电阻和体积电阻率按 GB/T 450《纸和纸板试样的采取及试样纵横向、正反面的测定》的规定进行。

6.1.6 合金铅

合金铅作为铅套材料，可参见 JB/T 5268.2《电缆金属套 第 2 部分：铅套》的相关规定，试验项目依据电缆制造商与原材料供应商的技术协议。

对合金铅进行外观目视检查，铅锭表面不得有熔渣、粒状氧化物、夹杂物及外来污染，铅锭不得有冷隔，不得有大于 10mm 的飞边毛刺。

对于合金铅，一般检验其化学成分，如牌号 PK021S 的铅锭中锑（Sb）的含量为 0.15～0.25，锡（Sn）的含量为 0.35～0.45，铜（Cu）的含量小于等于 0.003，铋（Bi）的含量小于等于 0.03，碲（Te）的含量小于等于 0.002，锌（Zn）的含量小于等于 0.0005，银（Ag）的含量小于等于 0.005，砷（As）的含量小于等于 0.001，镉（Cd）的含量小于等于 0.001，镍（Ni）的含量小于等于 0.001，铅（Pb）余量，其他化学元素含量小于等于 0.005。

6.1.7 沥青

沥青作为海底电缆用料，可参见 NB/SH/T 0001《电缆沥青》的相关规定，试验项目依据电缆制造商与原材料供应商的技术协议确定。

海底电缆用沥青的机械物理性能主要包括软化点、针入度、闪点、垂度、冷弯、黏附率与热稳定性。软化点试验的技术指标按照 85～100℃ 的规定进行；23℃ 针入度试验的技术指标按照每 10mm 大于 45% 的规定进行；闪点开口试验的技术指标按照大于等于 260℃ 的规定进行；70℃ 垂度试验的技术指标按照 5h 内小于 60mm 的规定进行；−10℃ 冷弯试验的技术指标按照 ϕ20mm 的海底电缆 3/3 不开裂的规定进行；黏附率试验的技术指标按照 0℃ 大于等于 95% 的规定进行；200℃/24h 热稳定性试验的技术指标按照软化点升高小于等于 15℃、针入度比大于等于 80% 的规定进行。

海底电缆用沥青的工艺性能包括热滴流、冻裂点、剥离力等。75℃/4h 热滴流试验按照无滴落痕迹的规定进行；−25℃/4h 冻裂点试验按照 3/3 不开裂的规定进行；200℃/24h 剥离力试验分为三种环境下试验，每种环境统一取样的技术指标按照每 25mm 聚丙烯绳/聚丙烯绳大于等于 20N、聚丙烯绳/钢丝大于等于 20N 的规定进行。其中，人造海水试验剥离力比（聚丙烯绳/钢丝）的技术指标按照大于等于 80%的规定进行；大气暴露试验剥离力比（聚丙烯绳/钢丝）的技术指标按照大于等于 80%的规定进行；海洋挂样试验剥离力比（聚丙烯绳/钢丝）的技术指标按照大于等于 75%的规定进行。

6.1.8　护套料

护套料包括聚乙烯为基料的半导电护套料和绝缘型护套料，试验项目依据电缆制造商与原材料供应商的技术协议确定。护套料的具体类型分为 GH、MH、Z-PE、半导电 PE。

护套料的物理机械性能包括密度、拉伸强度/断裂伸长率、炭黑含量、热老化、体积电阻率等，相关测试方法可参考 GB/T 2951《电缆和光缆绝缘和护套材料通用试验方法》、GB/T 3048《电线电缆电性能试验方法》。拉伸强度/断裂拉伸应变率试验按照 GB/T 1040.3《塑料　拉伸性能的测定　第 3 部分：薄膜和薄片的试验条件》的规定进行，依次为 GH（大于等于 20.0MPa，大于等于 650%）、MH（大于等于 17.0MPa，大于等于 600%）、Z-PE（大于等于 12.5MPa，大于等于 40%）、半导电 PE（大于等于 12.5MPa，大于等于 200%）。炭黑含量试验按照 GB/T 2951.41《电缆和光缆绝缘和护套材料通用试验方法　第 41 部分：聚乙烯和聚丙烯混合料专用试验方法　耐环境应力开裂试验　熔体指数测量方法　直接燃烧法测量聚乙烯中碳黑和（或）矿物质填料含量　热重分析法（TGA）测量碳黑含量　显微镜法评估聚乙烯中碳黑分散度》的规定进行，四种材料皆为 2.60%±0.25%。

护套料的电气性能包括体积电阻率、介电强度、介电常数、介质损耗因数等。20℃体积电阻率试验按照 GB/T 3048.3《电线电缆电性能试验方法　第 3 部分：半导电橡塑材料体积电阻率试验》的规定进行，依次为 GH（大于等于 $1 \times 10^{14}\Omega \cdot m$）、MH（大于等于 $1 \times 10^{14}\Omega \cdot m$）、Z-PE（大于等于 $5 \times 10^{12}\Omega \cdot m$）、半导电 PE（小于等于 $10000\Omega \cdot m$）；介电强度试验按照 GB/T 1408.1《绝缘材料电气强度试验方法　第 1 部分：工频下试验》的规定进行，依次为 GH（大于等于 25 MV/m）、MH（大于等于 25 MV/m）、Z-PE（大于等于 20 MV/m）；介电常数试验按照 GB/T 1409《测量电气绝缘材料在工频、音频、高频（包括米波波长在内）下电容率和介质损耗因数的推荐方法》的规定进行，依次为 GH（小于等于 2.75）、MH（小于等于 2.75）、Z-PE（小于等于 3.0）；介质损耗因数试验按照 GB/T 1409《测量电气绝缘材料在工频、音频、高频（包括米波波长在内）下电容率和介质损耗因数的推荐方法》的规定进行，依次为 GH（小于等于 0.005）、MH（小于等于 0.005）。

6.1.9　聚丙烯 PP 绳

聚丙烯 PP 绳用于海底电缆外被层，相关试验项目及要求可依据电缆制造商与原材料供应商的技术协议。

对聚丙烯 PP 绳进行外观目视检查，应干燥、无污染、无杂质、轻拉成网，网格应均匀。PP 绳成卷，卷内不允许有断头，允许有接头，且每卷接头数不超过 3 个，接头直径应保持原成型尺寸。

聚丙烯 PP 绳的结构和机械性能包括直径、单重、拉断力、热老化、热收缩、相容性等。聚丙烯 PP 绳分为 $\phi 2.0mm$ 和 $\phi 3.0mm$ 两种。捻后对应直径试验的性能指标按照 $\phi 2.0 \pm 0.2mm$、$\phi 3.0 \pm 0.2mm$ 的规定进行。捻向试验的性能指标均按照批次抽样的规定进行。质量试验的性能指标按照 $\phi 2.0mm$（$2.5 \pm 0.3g/m$）、$\phi 3.0mm$（$3.5 \pm 0.3g/m$）的规定进行。捻度试验的性能指标均按照大于 30 个/m 的规定进行。拉断力和延伸值试验中，每批抽取 3 个试样，每个试样为每卷外层首端头，在合适的试验机进行测试。拉断力/断裂伸长率试验的性能指标按照 $\phi 2.0mm$（大于等于 490N/小于等于 27%）、$\phi 3.0mm$（大于等于 550N/小于等于 29%）的规定进行。

6.1.10　光纤单元

光纤单元包括多模光纤和单模光纤。单模光纤参见 GB/T 9771《通信用单模光纤》的规定；多模光纤参见 GB/T 12357《通信用多模光纤》的规定。

套管用不锈钢带材可参见 GB/T 3280《不锈钢冷轧钢板和钢带》的规定。填充化合物参见 YD/T 839《通信电缆光缆用填充和涂覆复合物》的规定，增强件可参见 GB/T 24202《光缆增强用碳素钢丝》的规定，外护层可参见 GB/T 15065《电线电缆用黑色聚乙烯塑料》的规定。相关试验项目及要求可依据电缆制造商与原材料供应商的技术协议。

光纤应满足光纤余长、衰减、水密性的要求。光纤余长的测量需要取 5m 样品，利用卷尺测量光纤和钢管长度，做差除以管的长度，光纤余长应满足 4.5‰～5‰。采用后向散射法检验光纤衰减，光纤衰减应符合以下要求：① B1 光纤在 1310nm 波长光纤衰减常数小于等于 0.35dB/km，在 1550nm 波长光纤衰减常数小于等于 0.22dB/km；② B4 光纤在 1550nm 波长光纤衰减常数小于等于 0.22dB/km，在 1625nm 波长光纤衰减常数小于等于 0.24dB/km。水密性要求在 2MPa 水压下持续 336h，纵向渗水长度应不大于 200m。

6.1.11　铠装丝/铜丝

镀锌钢丝、铜丝用于海底电缆铠装层。镀锌钢丝（圆钢丝、扁钢丝）可参照 GB/T 3082《铠装电缆用热镀锌及锌铝合金镀层低碳钢丝》的规定。铜丝（圆铜丝、扁铜丝）可参照 GB/T 3953《电工圆铜线》的规定，或电缆制造商与原材料供应商的技术协议。

对铠装圆铜丝进行外观目视检查（表面质量试验），铜丝表面要求光滑、圆整、无油污，不得有三角、毛刺、裂纹、机械擦伤等。

对于铠装圆铜丝，一般检验其化学成分，检验方法可按 GB/T 5121《铜及铜合金化学分析方法 》的规定进行。

铠装圆铜丝的结构和机械性能包括尺寸、抗拉强度等。尺寸试验按照 GB/T 4909.2《裸电线试验方法　第 2 部分：尺寸测量》的规定进行，抗拉强度试验按照 GB/T 4909.3《裸电线试验方法　第 3 部分：拉力试验》的规定进行。

铠装圆铜丝的电气性能包括电阻率。电阻率试验按照 GB/T 3048.2《电线电缆电性能试验方法　第 2 部分：金属材料电阻率试验》的规定进行。

6.1.12　硅橡胶材料

硅橡胶材料用于海底电缆附件的制作。

硅橡胶材料的机械物理性能包括硫化后的附件硬度、抗张强度、抗撕裂强度、断裂伸长率、常温体积电阻率、交流耐压破坏电场强度。硫化后的附件硬度试验的规格值按照小于等于 50 邵氏 A 的规定进行，抗张强度试验的规格值按照大于等于 6.0MPa 的规定进行，断裂伸长率的规格值按照大于等于 450% 的规定进行，常温体积电阻率试验的规格值按照大于等于 $1.0 \times 10^{15}\Omega \cdot cm$ 的规定进行，交流耐压破坏电场强度试验的规格值按照大于等于 25kV/mm 的规定进行。

▶ 6.2　半成品试验 ◀

本节介绍了海底电缆半成品试验，包括电缆和工厂接头的电气试验、中间检测试验。

6.2.1　半成品电气试验

1. 制造长度电缆电气试验

（1）电压试验。对于制造长度电缆，通常在金属套和护层工序之后按相应产品标准进行例行试验中的电压试验，绝缘不应发生击穿。若制造长度太长，无法采用工频电压试验时，可采用频率不低于 10Hz 交流电压进行试验。

（2）局部放电试验：按 GB/T 3048.12《电线电缆电性能试验方法　第 12 部分：局部放电试验》的规定进行局部放电试验。若制造长度较短，局部放电试验灵敏度满足要求时，可在每根制造长度电缆上进行。若制造长度很长，局部放电试验灵敏不度满足要求时，从挤出电缆的首端和末端取试样进行。

2. 工厂接头电气试验

（1）电压试验。宜在接头制作完成后立即进行电压试验，试验条件与制造长度电缆相同；接头不应发生击穿。

（2）局部放电试验：宜对每个工厂接头进行局部放电试验，在包覆外半导电屏蔽后即进行，应无超过申明灵敏度的可检出放电。由于实际原因不能进行局部放电试验，可采用其他方法（如超声波测量、甚高频测量、质量管理程序等）。

6.2.2　生产过程的中间检测试验

1. 电缆中间检测试验

（1）导体：对电缆抽样，适用时，导体单线根数检验及要求应符合 GB/T 3956《电缆的导体》的规定。对导体电阻进行测量，根据 GB/T 3956《电缆的导体》校正到温度为 20℃时 1km 的数值。

（2）金属套：对电缆抽样，进行金属套电阻测量，校正到温度为 20℃时 1km 的数值。对金属套进行厚度测量。

（3）绝缘：对电缆交联绝缘抽样，测试绝缘的最小厚度和偏心度。对于交联绝缘，进行热延伸试验（负荷下最大伸长率和冷却后最大永久伸长率）。要求时，按 GB/T 2951.11《电缆和光缆绝缘和护套材料通用试验方法　第 11 部分：通用试验方法　厚度和外形尺寸测量　机械性能试验》的规定测量绝缘线芯直径。作为连续监测手段，采用 X 光测偏仪对挤出生产过程中绝缘的偏心度和最小厚度进行在线连续测量。

（4）金属套：对连续挤包后的铅套，采用超声波方式进行在线缺陷探测。

（5）护套：对电缆抽样，测试护套的最小厚度和平均厚度。

（6）铠装：对电缆抽样，测量铠装金属丝直径。

（7）电容测量：使用电容表测量电缆导体和金属套间的电容。

（8）光纤单元：适用时，在成缆前后测试光纤的导通和衰减特性，以符合相应技术规范要求。

2. 工厂接头中间检测试验

宜对每个工厂接头的导体焊接进行 X 射线检验，宜使用 X 射线检验工厂接头恢复绝缘，确认界面质量和可能存在的气泡、金属杂质等情况。

6.3　成　品　试　验

在海底电缆的生产过程中，成品试验是确保海底电缆性能满足设计和标准要求的关键步骤。与陆地电缆相比，海底电缆成品试验项目相对较多，主要试验包括例行试验、抽样试验、型式试验。此外还涉及将海底电缆与附件组成系统后开展的型式试验和预鉴定试验等，这部分内容将在 6.4 详细论述。

海底电缆各试验环节的关注点如图 6-1 所示，根据产品的生产使用周期，海底电缆试验可分为以下几个不同阶段：① 研发阶段，预鉴定试验（PQ），型式测试；② 例行试验，抽样试验，出厂试验（FAT）；③ 安装期间的成品试验，现场交接试验（SAT）；④ 运行维护检查（护套试验），在线监测[分布式光纤测温系统（DTS），分布式光纤声波监测系统（DAS）等]。

值得注意的是，无论哪种试验检测都无法取代海底电缆产品生产入网前的产品质量控制、工艺控制、材料选择及生产安装质量控制等环节对防范海底电缆运行故障的重要性。

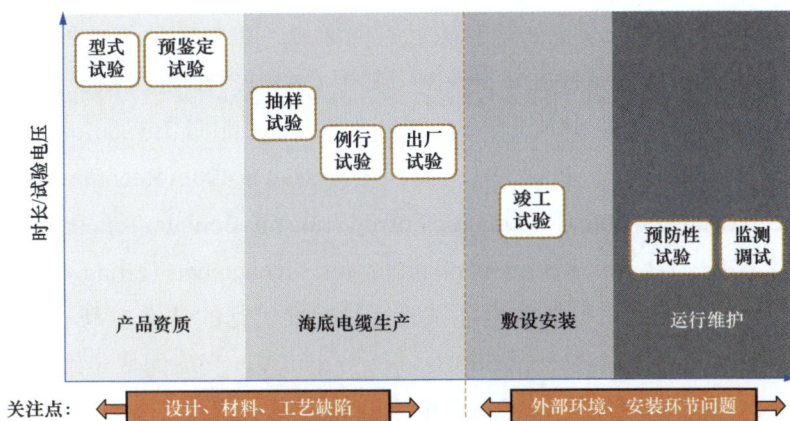

图 6-1 海底电缆各试验环节的关注点

国际电工委员会（IEC）发布了多项与海底电缆试验相关的标准，如 IEC 60092-350：2020《船舶电气安装 第 350 部分：船用和海上应用的功率控制和仪表电缆的一般结构和测试方法》（Electrical installations in ships-Part 350：General construction and test methods of power，control and instrumentation cables for shipboard and offshore applications）、IEC 60092-360：2021《船舶电气装置 第 360 部分：船用和海上装置的绝缘和护套材料 电力 控制 仪表和电信电缆》（Electrical installations in ships-Part 360：Insulating and sheathing materials for shipboard and offshore units，power，control，instrumentation and telecommunication cables）等。这些标准覆盖了电缆的设计、制造、试验和安装等方面，为海底电缆的试验提供了基础框架和指导。不同国家和地区的电信和海洋工程行业都制定了相应的标准和规范。例如，美国海军船舶电缆手册（NAVSEA）针对海军船舶电缆的设计、试验和使用提供了详细的指导，而国际海底电缆协会（ISA）则制定了针对海底电缆的设计、制造和安装的行业标准。

我国标准 GB/T 32346《额定电压 220kV（U_m＝252kV）交联聚乙烯绝缘大长度交流海底电缆及附件》制定指导了 220kV 电压等级橡塑绝缘交流海底电缆及附件相关试验方法，GB/T 31489.3《额定电压 500kV 及以下直流输电用挤包绝缘电力电缆系统 第 3 部分：直流海底电缆》对高压直流橡塑绝缘海底电缆系统部分进行了相关规定。此外还制定了部分行业标准，如 JB/T 11167《额定电压 10kV（U_m＝12kV）至 110kV（U_m＝126kV）交联聚乙烯绝缘大长度交流海底电缆及附件》规定了橡塑绝缘交流海底电缆系统的相关要求。

海底电缆及附件的成品试验方法已趋向成熟，在实际使用过程中，CIGRE 和 TICW 推荐的技术规范还在不断完善，其中 CIGRE TB 490《Recommendations for Testing of Long AC Submarine Cables with Extruded Insulation for System Voltage above 30（36）to 500（550）kV》、CIGRE TB 496《Recommendations for Testing DC Extruded Cable Systems for Power Transmission at a Rated Voltage up to 500kV》《CIGRE TB 623 Recommendations for Mechanical Testing of Submarine Cables》是目前国际上进行海底电缆试验评估的最可行的技术规范，分别介绍了额定电压 30kV（U_m＝36kV）至 500kV（U_m＝550kV）交流海底电缆绝缘系统试验、直流输电电缆系统试验和海底电缆系统机械测试建议，本章将结合 CIGRE 推出的技术规范和文件、国内海底电缆生产制造企业和中国南方电网海底电缆的试验情况介绍海底电缆及附件系统的各阶段试验项目及试验要点。

严格按照以上试验条件进行成品试验，可以确保海底电缆在实际应用中具备良好的性能和可靠性，从而保障全球通信网络的稳定运行。在实际操作中，测试过程应当严格遵守相关标准和规范，确保测试结果的准确性和可靠性，为海底电缆的安全运行提供有力保障。

6.3.1 成品试验条件

本部分将详细介绍海底电缆成品试验的试验条件，包括环境条件、电气条件、机械条件以及其他特殊条件。

1. 环境条件

针对海底电缆的特殊性，成品试验要考察的性能包括耐水压性能、耐盐雾性能、耐磨性能等。这些参数的测试通常需要在专用的环境模拟设备中进行，如耐水压试验机、盐雾试验箱等，以模拟电缆在不同海洋环境中的表现。

（1）温度条件：海底电缆在实际应用中会面临极端的温度变化，因此成品试验必须模拟这些条件。试验环境的温度范围应覆盖电缆可能遇到的最低和最高温度，通常包括但不限于−40～60℃。相关试验中，负荷循环试验的热条件见表 6−1。

表 6−1　　　　　　　　　　负荷循环试验的热条件

序号	试验项目	热条件定义
1	24h 负荷循环试验	包括 8h 加热周期和 16h 冷却周期，在加热周期的最后 2h，维持导体温度应不小于 $T_{cond\,max}$ 且绝缘内温差不小于 ΔT_{max}

序号	试验项目	热条件定义
2	48h 负荷循环试验	包括 24h 加热周期和 24h 冷却周期，在加热周期的最后 18h，维持导体温度应不小于 $T_{cond\ max}$ 且绝缘内温差不小于 ΔT_{max}
3	高负荷试验	包括一个连续的加热周期，在加热周期的前 8h 内，导体温度应达到不小于 $T_{cond\ max}$ 且绝缘内温差达到不小于 ΔT_{max}，并一直维持到高负荷试验结束
4	零负荷试验	不加热
5	叠加脉冲电压试验	在施加脉冲电压前，导体温度应达到不小于 $T_{cond\ max}$ 且绝缘内温差应达到不小于 ΔT_{max} 至少 10h，并一直维持到试验结束

（2）压力条件：由于海底电缆敷设在水下，因此必须承受一定的水压。试验中应模拟相应的水压条件，通常采用液压压力机进行压力测试。试验中的水压模拟通常采用水下试验槽、深海模拟舱等装置完成，模拟水压测试装置如图 6-2 所示。

图 6-2 模拟水压测试装置

1）水下试验槽：海底电缆在水下运行，因此水下试验槽是进行海底电缆成品试验的常见环境之一。试验槽通常由混凝土或钢制成，具有足够的深度和长度，以容纳不同类型和长度的海底电缆。水下试验槽的水质应符合国际相关标准，以确保试验结果的准确性。

2）深海模拟舱：对于应用于深海的海底电缆，特别是用于深海油气勘探或深海科学研究的电缆，需要模拟更高的压力和低温以接近深海的实际运行环境，因此可通过在深海模拟舱中进行试验来提供必要的试验条件。深海模拟舱通常设有高压容器和低温箱，能够提供高压和低温的试验条件，以确保海底电缆在极端环境下的可靠性。

（3）湿度条件：湿度对电缆的绝缘性能有显著影响。试验中应控制湿度在一定范围内，以模拟电缆在潮湿环境下的性能。

2. 电气条件

电气参数包括电阻、绝缘电阻、电容、介质损耗等。这些参数的测试通常在控制的实验室环境中进行，通过在试验中施加不同的电压和频率，以及监测海底电缆的响应来评估其电气性能。

（1）耐压测试：耐压测试是评估电缆绝缘性能的重要手段。试验中应对电缆施加高于正常工作电压的电压，以检验其绝缘材料的耐压能力。耐压测试的电压通常由高压发生器产生，并将电能传输到水下压力舱中，以完成对海底电缆施加高压的过程。

（2）绝缘电阻测试：绝缘电阻测试用于测量电缆绝缘材料的电阻值，以确保其满足设计要求。

（3）电容测试：电容测试用于评估电缆的介电性能，特别是在高频信号传输时的性能。

此外电气条件的保证还需要配备相应的控制系统，以控制如高压发生器、水下压力舱等的运行，保证试验过程的稳定性和安全性；配备数据采集系统，以采集测试过程中电压、电流、温度等各项参数，用于分析测试结果或进行后续处理。

3. 机械条件

机械参数包括拉伸强度、扭曲强度、挤压强度等。这些参数的测试需要在机械试验设备中进行，通常通过施加不同方向和大小的力来模拟电缆在实际安装和运行过程中可能受到的各种力的影响。

（1）弯曲测试：海底电缆在敷设过程中会遇到不同程度的弯曲。弯曲测试用于模拟这些条件，评估电缆的机械强度。

（2）张力测试：张力测试用于评估电缆在受到拉力时的稳定性和强度。

（3）冲击测试：冲击测试模拟电缆可能遭受的突然冲击，以评估其抗冲击能力。

4. 其他特殊条件

（1）化学稳定性测试：考虑到海底环境中的化学腐蚀性，电缆材料的化学稳定性是必须考虑的因素。

（2）生物侵蚀测试：海底生物的活动可能对电缆造成损害，因此需要进行生物侵蚀测试。

（3）长期稳定性测试：长期稳定性测试用于评估电缆在长时间运行中的性能变化。

6.3.2 例行试验

例行试验是由制造方在成品电缆的所有制造长度和附件上进行的试验，目的是证明电缆或附件产品总体性能符合要求，它可发现海底电缆和附件生产中的偶然性缺陷，校验产品的质量是否与设计要求一致，属于非破坏性试验。

例行试验包括了被一些其他文件称为工厂验收试验的内容，海底电缆在生产工序中的试验项目见表 6-2。

表 6-2　　　　　海底电缆生产工序中的试验项目

生产工序	抽样试验	例行试验
导体工序	导体单丝根数、导体外径、导体直流电阻	—
交联工序	导体屏蔽层厚度、绝缘厚度、绝缘屏蔽层厚度、绝缘偏心度、绝缘热延伸试验	—
绕包、挤铅、护套工序	铅护套厚度、非金属护套厚度	
成缆铠装工序	钢丝根数、钢丝直径	
成品工序	成品外径	导体直流电阻试验、直流电压试验、绝缘电阻测试、电容和介质损耗测试、光纤衰减测试

参照目前所用的交联聚乙烯绝缘直流电缆技术规范，如 CIGRE TB 496 《Recommendations for Testing DC Extruded Cable Systems for Power Transmission at a Rated Voltage up to 500kV》、TICW 7.1《额定电压 500kV 及以下直流输电用挤包绝缘电力电缆系统技术规范　第 1 部分：试验方法和要求》，下面介绍相关

的例行试验项目。

1. 直流耐压试验

直流耐压试验主要对海底电缆绝缘质量进行检验，包括制造过程中的材料、工艺控制等。试验时海底电缆放置于海底电缆试验池中，两端伸出缆池，在电缆的导体和护套之间施加 $1.85U_0$ 负极性直流电压，持续时间 60min，此时绝缘应不击穿。直流耐压试验可在室内或室外进行。

由于在开展海底电缆直流电压例行试验时试验电压比较高，电缆终端部分的长度和终端头的制作方法，应能保证在规定的试验电压下不发生沿其表面闪络放电或内部击穿。

除直流电压试验外，假如绝缘系统和电缆设计允许交流试验，也可考虑交流电压试验，TICW 7.1《额定电压 500kV 及以下直流输电用挤包绝缘电力电缆系统技术规范　第 1 部分：试验方法和要求》中推荐的工频交流试验电压为 $0.8U_0$，持续 30min，绝缘应不击穿。对于大长度和高电压的海底电缆，由于试验装置所限工频交流电压试验可能不具备实际操作性，此时若计划开展交流试验，应由制造商和客户商定具体的电压水平、频率（工频或其他频率）与施加时间。海底电缆直流耐压试验案例如图 6-3 所示。

图 6-3　海底电缆直流耐压试验案例

2. 导体直流电阻试验

海底电缆的导体直流电阻应符合 GB/T 3956《电缆的导体》的规定，通过对导体直流电阻的试验，可以发现导体截面积是否正确，导体的材料电阻率是否存在问题等。导体直流电阻试验案例如图6-4所示。

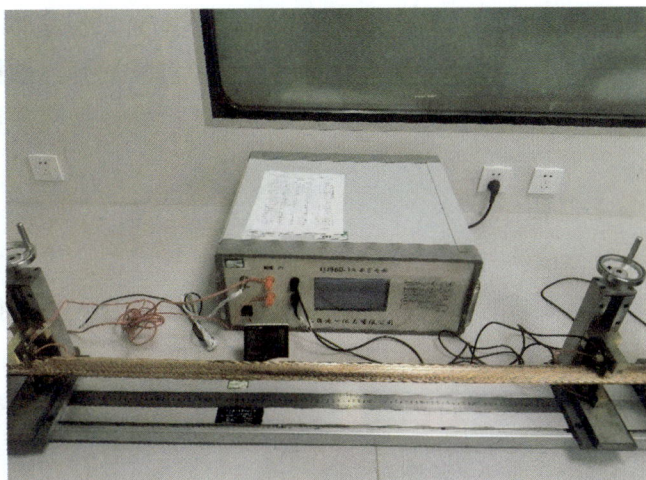

图6-4 导体直流电阻试验案例

3. 光纤衰减测试

通常对海底电缆中敷设的光纤进行光纤衰减测试，关注光纤在不同波长下的衰减系数值、衰减均匀度等参数是否符合相关要求，是否在连续长度内存在超过0.1dB的衰减点。

海底电缆的光纤衰减测试方法来源和参数要求具体可参考GB/T 9771.3《通信用单模光纤 第3部分：波长段扩展的非色散位移单模光纤特性》。

4. 附加试验

对于某些特定的工程，用户可能要求对海底电缆进行绝缘电阻试验、局部放电试验、电容试验等附加试验，以检验绝缘和屏蔽层的质量，以及有无影响运行安全的微孔和杂质等情况。具体的试验方法可参考GB/T 32346.1《额定电压220kV（$U_m=252$kV）交联聚乙烯绝缘大长度交流海底电缆及附件 第1部分：试验方法》。

6.3.3 抽样试验

抽样试验是由制造方按规定的频度在成品电缆生产批中抽取一根试样进行的试验，其目的与例行试验一样，用以检验产品是否符合规范的要求。与例行试验相较，抽样试验的测试项目较多，并可能是破坏性试验。

海底电缆工程需要结合具体敷设环境和管理要求，决定每根交货长度的海底电缆中间是否允许使用工厂软接头，并由此决定开展抽样试验的频次和段长。例如，中国南方电网南澳柔性直流输电工程要求每根交货长度的海底电缆中间不允许使用工厂软接头，因此每根交货长度海底电缆均应开展抽样试验。被检样品有一项检测项目不合格，则被检样品判定为不合格；所有项目检测合格，则判定为合格。

1. 成品海底电缆抽样试验

除成缆后的例行试验外，为满足工程用户的特殊性能要求或生产企业自身产品控制和管理理念要求等，成品海底电缆抽样试验项目一般包括产品的结构尺寸、电气试验和某些材料的机械物理性能，下面对其进行具体介绍。

（1）电压试验。包括交流电压试验和局部放电试验。有直流需求的，需要对海底电缆整盘进行直流叠加冲击电压试验，包括直流叠加操作过电压试验和直流叠加雷电过电压试验，以检验海底电缆的耐操作冲击水平和耐雷电冲击水平。将电缆加热至额定的工作温度，对电缆的绝缘进行耐压试验。海底电缆电压试验典型接线方式如图6-5所示。

(a)　　　　　　　　　　　　　　(b)

图6-5　海底电缆电压试验典型接线方式
(a) 电压试验全貌；(b) 海底电缆接线部分

（2）电容和介质损耗测量。电容试验按照 GB/T 32346.1《额定电压220kV（$U_m=252kV$）交联聚乙烯绝缘大长度交流海底电缆及附件　第1部分：试验方法》中相关试验要求开展，测量导体和金属屏蔽和（或）金属套间的电容，测量值应不超过制造商申明的标称值的8%。

（3）直流电阻测量。具体包括海底电缆的导体和金属屏蔽层的直流电阻测量。试验前应注意需将待测的整盘海底电缆或待测试样放置在温度稳定的试验室内至少 12h，有必要时可放置 24h 以上。

导体直流电阻应按 GB/T 3956《电缆的导体》的相关要求计算折合至 20℃时每公里的导体直流电阻值，且结果也应符合 GB/T 3956《电缆的导体》的规定值。

金属屏蔽层应按 IEC 60287–1–1：2006 《Electric cables – Calculation of the current rating – Part 1 – 1：Current rating equations（100% load factor）and calculation of losses – General》中关于电缆额定电流标准要求中表 1 所示的电阻温度系数确定相应的电阻值。海底电缆成缆后的直流电阻测试如图 6–6 所示。

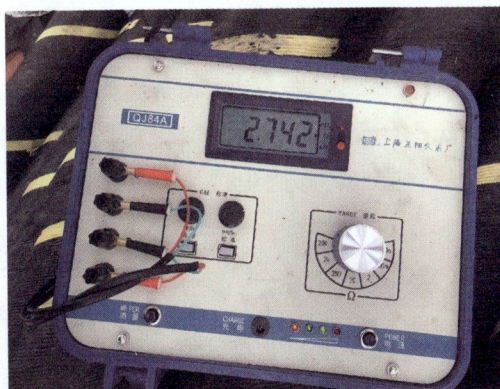

图 6–6　海底电缆成缆后的直流电阻测试

（4）结构检查。应包括导体结构、绝缘厚度、金属护套厚度、铠装检查、非金属护套及外形尺寸等结构尺寸的检查，以确定其是否满足相关技术规范或海底电缆设计的要求。海底电缆结构检查如图 6–7 所示。

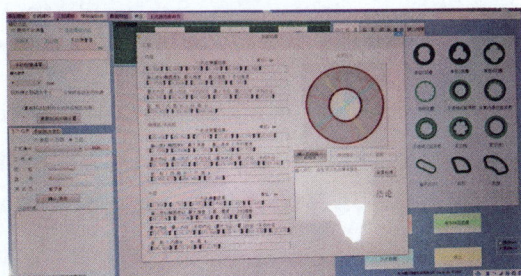

（a）　　　　　　　　　　　　　　　　　（b）

图 6–7　海底电缆结构检查（一）

（a）实验室内结构观测；（b）绝缘及屏蔽结构测量

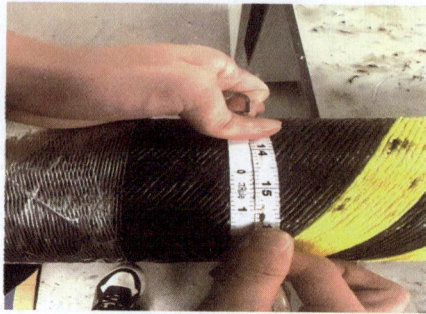

(c)

图 6-7　海底电缆结构检查（二）

（c）海底电缆外部结构测量

（5）绝缘热延伸试验。交联聚乙烯绝缘海底电缆应进行绝缘热延伸试验，以此检验电缆绝缘的交联程度。试验过程需制备海底电缆绝缘部分的合适样品，在温度 200℃下加 20N/cm^2 的应力保持 15min，负载下的伸长率不大于 175%，冷却后的永久伸长率不大于 15%。海底电缆绝缘热延伸试验如图 6-8 所示。

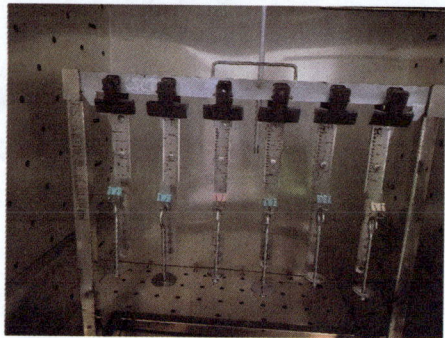

(a)　　　　　　　　　　　　　　　(b)

图 6-8　海底电缆绝缘热延伸试验

（a）试验箱；（b）试验夹具

（6）透水试验。海底电缆均应进行该项试验，以检查海底电缆的阻水性能是否满足设计要求，同时也为海底电缆的预留长度提供了技术基础。透水试验具体包括海底电缆导体透水试验和金属套透水试验，这取决于海底电缆采用哪种阻水结构。

1）海底电缆的导体透水试验。导体透水试验可以模拟海底电缆在深水域发生故障后导体浸水后沿电缆长度方向（轴向）渗透的情况。在试验过程中要按照产品的设计的最大敷设深度或者产品敷设的最大深度设计试验水压，水温控制在 5~35℃，连续试验 10 天。为了尽可能使导体接近实际安装条件，需要在透水试验前经受拉伸弯曲试验以模拟海底电缆在敷设和常规的修复操作时施加于海底电缆上的外力，并且试样应进行至少 3 次 24h 负荷循环过程，使导体温度达到最高工作温度+5~10℃，并在加热的最后至少 2h 保持恒定。试验后透水距离应不大于制造方应申明该海底电缆经 10 天透水试验后允许的电缆导体最大透水距离。海底电缆导体透水试验如图 6-9 所示。

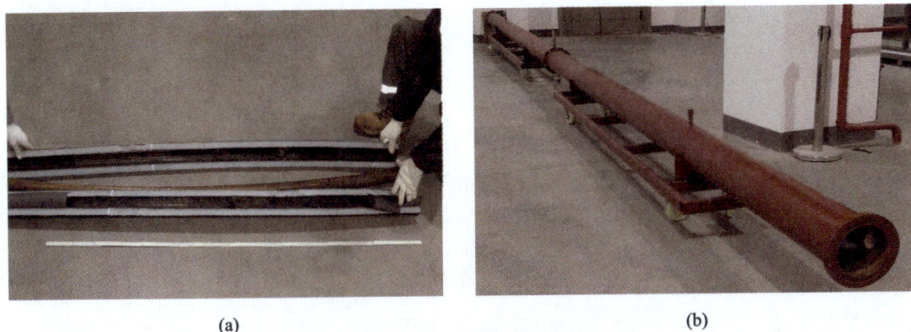

(a)　　　　　　　　　　　(b)

图 6-9　海底电缆导体透水试验

（a）试验样品；（b）试验环境

2）海底电缆的金属套透水试验。金属套透水试验可以模拟海底电缆在近岸区域发生损坏后，水沿金属套向长度方向渗透的情况，试验时试样要尽可能以接近实际安装条件进行预处理。金属套透水试验前试样应进行至少 3 次 24h（8h 加热/16h 冷却）负荷循环，以确保电缆经适度的热膨胀。该负荷循环中导体温度应达到电缆导体最高工作温度+5~10℃，并在加热的最后至少 2h 保持恒定。在经过预处理的试样中部或试样末端 1m 位置切除大约 50mm 的圆环，直至电缆的绝缘屏蔽，将试样放置于对应敷设水深压力容器中，对于铅套或者相关设计，推荐的水深为 30m。试样应经受 10 次 24h 负荷循环并施加压力，该负荷循环中导体温度应达到电缆导体最高工作温度+5~10℃，并在加热的最后至少 2h 保持恒定。试验结束后，试样的透水距离不得大于制造方申明的金属套下最大透水距离。海底电缆金属套透水试验如图 6-10 所示。

2. 海底电缆附件抽样试验

针对每个产品已进行例行试验的电缆附件，如预制式修理接头和海底电缆终端等，无须再进行抽样试验，以例行试验通过为性能考核标准。

（a）

（b）

图 6-10　海底电缆金属套透水试验
（a）试验环境；（b）待试样品

海底电缆工厂接头抽样试验的试验项目主要包括局部放电试验和交流电压试验、绝缘热延伸试验、拉伸和张力弯曲试验等。工厂接头推荐的抽样试验频度是在同一电缆合同的工厂接头制作至 5、15、30、50、75 个接头后取 1 个进行试验，抽样试验的各项试验应在同一个接头试样上进行。抽样试验可在接头制作前的一个工厂线芯接头上进行，试验需要不小于 10m 的电缆和一个工厂接头。

（1）海底电缆工厂接头的局部放电试验。局部放电试验在工厂接头的外半导电层、金属接地和外护套恢复后进行。局部放电试验应按照 GB/T 3048.12《电线电缆电性能试验方法　第 12 部分：局部放电试验》的规定进行，测试灵敏度为 5pC 或更优，推荐在 $0.6U_0$ 下应无超过申明灵敏度的可检出的放电。

（2）海底电缆工厂接头的交流电压试验。推荐的交流电压试验电压为 $0.8U_0$，应保持 30min 不击穿。

（3）绝缘热延伸试验。热延伸试验时，在温度 200℃ 下加 20N/cm^2 的应力保持 15min，负载下的伸长率不大于 175%，冷却后的永久伸长率不大于 15%。

（4）机械性能试验。包括对连接导体的接头进行拉伸和张力弯曲试验，以确保连接的导体有足够的强度及弯曲性能。导体接头的连接抗拉强度对于 800mm^2 及以下导体一般不小于 180MPa，对于 800mm^2 以上导体一般不小于 170MPa。

6.3.4　型式试验

型式试验是对海底电缆新产品大量投产前所进行的试验，以证明该产品是否具有符合预期使用要求的良好性能。除非电缆或附件材料、制造工艺或电应力设计水平改变可能改变其性能特性，否则试验一旦通过，试验不需要重复进行。型式试验项目比较多，通常分为非电气型式试验和电气型式试验，型式试验能反映产品的综合性能。对于同一类型的产品只有在产品设计、工艺或材料发生变化时才需要重新进行。试验项目见表 6-3～表 6-6。

表 6-3　　　　海底电缆的非电气型式试验项目

序号	试验项目	备注
1	电缆结构尺寸检查	符合产品设计的要求
2	绝缘机械物理性能	—
3	护套机械物理性能	—
4	绝缘微孔杂质及半导电层与绝缘界面微孔和突起试验	a）绝缘中应无大于 0.05mm 的微孔；大于 0.025mm，小于等于 0.05mm 的微孔在每 16.4cm³ 体积中应不超过 30 个。 b）绝缘中应无大于 0.125mm 的不透明杂质；大于 0.05mm，小于等于 0.125mm 的不透明杂质在每 16.4cm³ 体积中应不超过 10 个。 c）绝缘中应无大于 0.25mm 的半透明棕色物质。 d）半导电屏蔽层与绝缘层界面应无大于 0.05mm 的微孔。 e）导体半导电屏蔽层与绝缘层界面应无大于 0.125mm 进入绝缘层的突起和大于 0.125mm 进入半导电屏蔽层的突起。 f）绝缘半导电屏蔽层与绝缘层界面应不大于 0.125mm 进入绝缘层的突起和大于 0.125mm 进入半导电屏蔽层的突起
5	透水试验	a）导体透水试验应按照 TICW 7.1[1] 的规定的程序进行并满足要求。 b）金属套透水应按照 TICW 7.1 的规定的程序进行并满足要求
6	成品电缆表面标识	标识清晰耐擦

[1] 参考 TICW 7.1 《额定电压 500kV 及以下直流输电用挤包绝缘电力电缆系统技术规范　第 1 部分　试验方法和要求》。

表 6-4　　　　交联聚乙烯绝缘的机械物理性能试验要求

序号	试验项目		单位	试验要求
1	老化前性能	抗张强度	N/mm²	≥12.5
		断裂伸长率	%	≥200
2	空气烘箱老化后的性能	老化条件		
		试验温度	℃	135±2
		处理时间	h	168
		性能要求		
		老化后抗张强度变化率	%	≤±25
		老化后断裂伸长率变化率	%	≤±25
3	相容性老化后的性能	老化条件		
		试验温度	℃	100±2
		处理时间	h	168
		性能要求		
		老化后抗张强度变化率	%	≤±25
		老化后断裂伸长率变化率	%	≤±25

续表

序号	试验项目		单位	试验要求
4	热延伸试验	试验条件		
		试验温度	℃	200±2
		处理时间	min	15
		机械应力	N/mm²	0.2
		性能要求		
		载荷下的伸长率	%	≤175
		冷却后的伸长率	%	≤15
5	吸水试验	试验条件		
		试验温度	℃	85±2
		试验时间	h	336
		性能要求		
		质量增量	mg/cm²	≤1
6	绝缘热收缩试验	试验条件		
		试验温度	℃	130±2
		试验时间	h	6
		性能要求		
		收缩率	%	≤4.5

表6-5   **护套机械物理性能试验要求**

序号	试验项目	单位	试验要求	
			ST₂	ST₇
	老化前性能			
1	抗张强度	N/mm²	≥12.5	≥12.5
	断裂伸长率	%	≥150	≥300
	空气烘箱老化后的性能			
	老化条件			
2	试验温度	℃	100	110
	处理时间	h	168	240
	抗张强度	N/mm²	≥12.5	—
	断裂伸长率	%	≥150	≥300
	老化后抗张强度变化率	%	≤±25	—
	老化后断裂伸长率变化率	%	≤±25	—

序号	试验项目	单位	试验要求	
			ST₂	ST₇
3	相容性老化后的性能			
	老化条件			
	试验温度	℃	100	100
	处理时间	h	168	168
	抗张强度	N/mm²	≥12.5	—
	断裂伸长率	%	≥150	≥300
	老化后抗张强度变化率	%	≤±25	—
	老化后断裂伸长率变化率	%	≤±25	—
4	失重试验			
	试验条件			
	试验温度	℃	100	—
	处理时间	h	168	—
	允许失质量	mg/cm²	≤1.5	—
5	低温试验			
5.1	低温拉伸试验			
	试验温度	℃	−15	—
	断裂伸长率	%	≥20	—
5.2	低温冲击试验			
	试验温度	℃	−15	—
	试验结果		无裂纹	—
6	热冲击试验			
	试验条件			
	试验温度	℃	150	—
	持续时间	h	1	—
	试验结果		无裂纹	—
7	高温压力试验			
	试验条件			
	试验温度	℃	90	110
	压痕中间值/平均厚度	%	≤50	50

续表

序号	试验项目	单位	试验要求	
			ST_2	ST_7
	护套热收缩试验			
	试验条件			
8	试验温度	℃	—	80
	加热持续时间	h	—	5
	加热周期	次	—	5
	收缩率	%	—	≤3
9	碳黑含量	%	—	2.5±0.5

表6-6　　　　　　　　　　海底电缆附件的型式试验项目

序号	试验项目	技术要求
1	附件组装后的密封试验	密封金具、终端瓷套或复合套管应进行密封试验。室温下对试件加以（0.20±0.01）MPa 的气压，保持 30min。任选浸水检查或密封面上涂肥皂水检验，应无气体逸出现象。或施加相同水压，保持 1h，在密封面上涂白垩粉，应无水渗出迹象
2	附件的电气型式试验	工厂接头连同电缆试样应经受卷绕试验和张力弯曲试验，其余海底电缆附件应与海底电缆构成电缆系统进行试验
3	工厂接头的导体接头拉力试验	导体之间的连接强度通常 800mm² 及以下截面积不低于 180MPa，800mm² 以上截面积不低于 170MPa
4	工厂接头绝缘微孔、杂质及半导电屏蔽层与绝缘层界面微孔、突起试验	符合 TICW 7.1《额定电压 500kV 及以下直流输电用挤包绝缘电力电缆系统技术规范　第 1 部分　试验方法和要求》的要求
5	户外终端淋雨直流电压试验	户外终端在淋雨状态下，施加直流电压 1.85U_0，历时 1min，不击穿、不闪络

6.3.5　机械试验

由于海底电缆长度大、质量大，装载和运输难度较高，敷设过程较为复杂和严苛，同时在生命周期内存在洋流冲刷、填埋抛石、海底地况变化和锚害等机械损伤风险。通常，海底电缆在生产、装载到敷设船上、敷设过程中、保护、运行以及可能存在的故障打捞修复过程中会经历大量的机械处理。需要对海底电缆进行保护，且参照 CIGRE TB 623《海底电缆机械试验》对海底电缆的机械性能开展相应试验。

在装载和运输之前，有必要结合海底电缆敷设和运行环境提前考察所有的机械参数，通常包括拉力、弯曲拉力、侧向压力、弯曲半径、压碎力（堆叠情况下）、扭矩和温度等。在海底电缆设计时就应考虑各机械环境可能的持续时间和次数，并记录好电缆的信息，如电缆类型、电缆长度、电缆直径、电缆质量和最小弯曲半径等。例如为了将电缆连接到拉绳或钢丝，需要将拉头或编织夹具安装在电缆末端，这必须根据装载和安装过程中预期的拉力进行合理设计。又如温度的影响，低温可能会增加弯曲刚度或导致沥青层开裂，而高温可能导致沥青融化和渗水，特别是在炎热环境中应用等。

海底电缆的机械性能测试通常包括卷绕试验、拉伸弯曲试验、外部水压耐受性和透水性试验、拉伸试验、全尺寸疲劳试验等。

1. 卷绕试验

在两端固定以防止旋转的情况下，电缆应以不小于制造商指定值的最小卷绕直径卷绕。卷绕试验仅适用于制造、储存、运输或敷设期间会发生卷绕的电缆，不适用于仅缠绕在滚筒或转盘上的电缆。由于在试验操作期间电缆会经历扭转，因此有必要在卷绕测试后检查电缆结构。卷绕测试应在至少形成六圈完整卷绕的合适长度的电缆上进行，电缆应至少包括一个工厂接头和一个修复接头。接头的数量和距离应根据以下原则确定：

（1）单芯电缆：在接头端和测试电缆长度最近端之间应保持至少两圈完整卷绕的距离。如果测试电缆长度中包括两个或更多接头，则相邻接头端之间的距离应至少为两圈完整卷绕。

（2）三芯电缆：测试电缆中包含的相接头数量取决于电缆构造。如果交付电缆上的所有"机械特殊部分"都足够分离以确保机械独立性，则测试电缆中的相接头数量和相接头之间的距离可以按照与单芯电缆相同的原则确定。如果在交付电缆的一个连续的"机械特殊部分"中安装了三相接头，则测试电缆中至少应包括三相接头。如果接头不用于测试，可以通过用假相接头替换其中一些接头来减少相接头的数量。假相接头是通过缠绕或成型建造的电缆部分，其形状和机械性能与正常相接头相似。

（3）如果电缆包含光纤接头，卷绕测试中至少应包括一个光纤电缆工厂接头。

卷绕后，电缆应重新绕到储存设施上。这一系列的操作应至少执行电缆在制造、储存、运输或敷设期间预期的次数。卷绕测试后，包括接头在内的被试电缆应进行外观检查，以检查外层是否变形。在完成机械和电气测试后，也应进行全面的外观检查。

2. 拉伸弯曲试验

使用张力设备，其张力至少为最大预期负载的 3 倍，样品长度至少 30m，绕在直径不大于电缆敷设船上安装的出线轮、槽或鼓上，样品应与测试鼓接触的电缆长度不应少于测试鼓圆周的一半，测试在敷设和正常回收期间施加在电缆上的力是否会导致机械损伤。

拉伸弯曲测试适用于打算通过同时包含弯曲和张力的方法进行安装、回收或修复的电缆。需要注意的是，若试验系统含有接头，应确保接头在测试期间不会受到损伤。对于所有机械测试，应通过锚头将所有导体和铠装在两端固定在一起，以防止其进行纵向移动和相对旋转。拉伸弯曲测试后，应开展电气试验和外观检查，对于含有光纤的海底电缆应通过连续性检查来验证光纤的完整性。

3. 外部水压耐受性和透水性试验

外部水压耐受性测试旨在模拟海底电缆在最大外部水压下是否会发生泄漏。试验时将约 5m 的电缆样品端部用盖子适当密封，应放入压力管中，并在相当于最大深度＋50m（对于应用水深不大于 500m 的海底电缆）或最大深度＋100m（对于应用水深超过 500m 的海底电缆）的外部水压下保持 48h。试验不应引起径向屏障的渗水。测试完成后，去除两端各 0.5m 长度样品后进行外观检查，样品应能满足卷绕试验要求。同时应开展导体透水性试验和金属套透水性试验。

4. 拉伸试验

拉伸试验是为了验证海底电缆和接头在受到轴向拉伸力而不弯曲时的性能。如果电缆系统已开展拉伸弯曲测试，且电缆接头没有绕过轮子，则不需要单独进行拉伸测试。

样品长度按以下方法确定：从电缆端到任何接头的距离应至少为 10m 或外铠装层敷设长度的 5 倍，以较大者为准。电缆头的安装方式应使不同电缆组件在远端产生的力等同于敷设操作期间的力分布，电缆两端应分别为自由旋转的和固定的方式。试验过程中电缆上的张力逐渐增加至规定的拉伸张力，保持至少 30min。在测试期间应持续监测施加的负载。

5. 全尺寸疲劳试验

全尺寸疲劳试验应根据特定的测试程序进行，主要目的是验证动态缆能够承受在使用寿命期间预期的疲劳负载。该测试适用于在运行期间将经历重复弯曲和张力变化的动态电缆。

为了证明动态缆的使用寿命，测试程序的设计应使测试期间累积的疲劳损伤大于或等于运行期间的累积疲劳损伤。运行期间的疲劳损伤参数的选取应包括以下方面：

（1）全局分析：建立使用寿命期间的张力和曲率分布。

（2）局部分析：将全局负载与内部电缆组件中的应力/应变相关联。

（3）疲劳损伤累积：将组件应力/应变转换为基于电缆组件的 $S-N$ 数据的疲劳损伤。

6. 特殊机械性能试验

针对超出了经验设计值，或者存在与处理、安装或操作相关的条件变化，而这些变化未被类型测试涵盖的海底电缆系统，也可以开展特定项目和特殊测试。这些特殊性能测试的结果主要用于实际工程需要，不受验收标准的限制。具体的特殊机械性能试验有张力弯曲试验、短期压碎试验、长期堆叠压碎试验、侧压力试验、冲击试验、牵引力试验、刚性接头的操作试验、拉伸特性试验、摩擦系数测试等。

特殊机械性能试验通常要考虑工程实际中，海底电缆系统应用于更深的水深、不同的气候或不同的环境，如海床条件等，或采用了新型的电缆储存、滚轮、拉拔或断裂设备或其他设备，或采用了新型的敷设、安装、保护或修复方法或海底电缆配置等。

≫ 6.4 系 统 试 验 ≪

6.4.1 海底电缆附件试验

海底电缆附件通常包括工厂（软）接头、修理接头、预制式接头和终端等。工厂（软）接头在工厂可控条件下制作完成，用于接续海底电缆以达到客户要求的长度；修理接头用于线路发生故障抢修时使用，负责完成海底电缆之间的连接；预制式接头主要用于陆地电缆与海底电缆的连接；终端用以连接陆地部分电缆至架空线路电线或用母线与变电站连接，已与陆地电缆的终端基本无异。不同的附件根据其制造工艺特点不同，其试验略有差异，本书仅突出介绍海底电缆的附件试验情况，其余内容可参照陆地电缆。

1. 工厂（软）接头

工厂接头通常用于大长度的海底电缆，工厂接头的主要特点是不应对后续的海底电缆处理或安装操作施加任何限制，也不应导致电缆的机械和电气性能发生变化。

（1）工厂接头的绝缘试验。例行试验中的海底电缆工厂接头如图 6-11 所示，推荐以下四种方式检查工厂接头绝缘的质量。

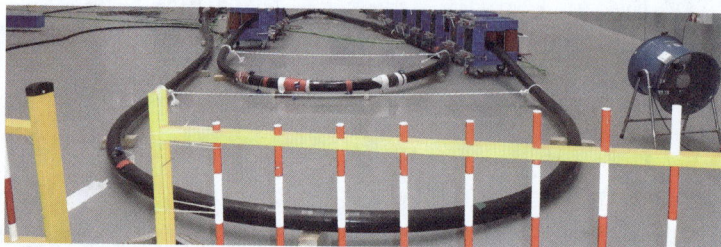

(a)

(b)

图 6-11　例行试验中的海底电缆工厂接头
(a) 试验中的软接头位置；(b) 带软接头的海底电缆系统

1）直流电压试验：带工厂接头的海底电缆应经受负极性电压 $1.85U_0$，持续 60min，绝缘应不击穿。

2）交流电压试验：推荐的交流试验电压为 $0.8U_0$，保持 30min，绝缘不击穿；也可根据制造商的质保程序进行。

3）局部放电试验：局部放电试验按照 GB/T 3048.12《电线电缆电性能试验

方法　第 12 部分：局部放电试验》的规定进行，测试灵敏度为 5pC 或更优，推荐在 $0.6U_0$ 下应无超过申明灵敏度的可检出的放电；也可根据制造商的质保程序进行。

4）X 射线检查：应无有害杂质和气孔。

（2）工厂接头的生产过程试验。工厂接头在制作过程中，同样需要进行电气、机械和环境性能方面的检测，以保证工厂接头的质量满足使用要求。对于 110～500kV 的工厂接头，试验电压为额定电压 U_0 的倍数，工厂接头生产阶段的试验电压见表 6-7。在工厂接头的研发和生产制作阶段，需开展一系列试验验证，主要试验项目和检测指标与海底电缆本体一致，工厂接头主要检测项目见表 6-8。

表 6-7　　　　　　　　　　　工厂接头生产阶段的试验电压

1	2	3	4[a]	5[a]	6[a]	7[a]	8[a]	9[a]	10[a]
额定工作电压 U（kV）	最高工作电压 U_m（kV）	额定电压 U_0（kV）	热循环电压试验（预鉴定试验）$1.7U_0$（kV）	雷电冲击电压试验（kV）	局部放电试验 $1.5U_0$（kV）	$\tan\delta$ 测量 U_0（kV）	热循环电压试验（预鉴定扩展试验）$2U_0$（kV）	操作冲击电压试验（kV）	雷电冲击电压试验后电压试验（kV）
110～115	123	64	109	550	96	64	128	—	160
132～138	145	76	130	650	114	76	152	—	190
150～161	170	87	148	750	131	87	174	—	218
220～230	245	127	216	1050	190	127	254	—	254
275～287	300	160	272	1050	240	160	320	850	320
330～345	362	190	323	1175	285	190	380	950	380
380～400	420	220	374	1425	330	220	440	1050	440
500	550	290	493	1550	435	290	580	1175	580

a　必要时，试验前应测量电缆绝缘厚度和根据标准要求调整试验电压。

表 6-8　　　　　　　　　　　工厂接头主要检测项目

序号	检测项目	检测要求	检测设备
1		抽样试验（S）	
1.1	导体接头拉力试验	导体截面积：≤800mm²，导体抗拉强度≥180MPa；导体截面积：>800mm²，导体抗拉强度≥170MPa	微机控制拉力机
1.2	XLPE 绝缘热延伸试验	负荷下最大伸长率：≤175%冷却后最大永久伸长率：≤15%	空气热烘箱
1.3	局部放电试验	无超过申明的灵敏度的可检出放电	局部放电耐压成套设备

续表

序号	检测项目	检测要求	检测设备
1.4	交流耐压试验	试验电压按表 6－7，60min，绝缘无击穿	局部放电耐压成套设备
1.5	雷电冲击试验	试验电压按表 6－7，正负极性各 10 次，绝缘无击穿	冲击电压发生器
2		例行试验（R）	
2.1	局部放电试验	无超过申明的灵敏度的可检出放电	局部放电耐压成套设备
2.2	交流耐压试验	试验电压按表 6－7，60min，绝缘无击穿	
2.3	X 射线检验	目视检查，接头处导体和绝缘是否有偏心、杂质、气孔等缺陷	多功能 X 光测试仪
2.4	工厂接头铅套外径检查	工厂接头恢复后铅套外径应不超过海底电缆本体铅套外径的 10%	游标卡尺
3		型式试验（T）	
3.1	绝缘厚度检查	最小厚度：≥95%标称厚度，偏心度：≤15%，接头处绝缘厚度与海底电缆本体的偏差不应超过本体的 10%	海底电缆结构全自动测量系统
3.2	导体接头拉力试验	导体截面积：≤800mm²，导体抗拉强度：≥180MPa 导体截面积：>800mm²，导体抗拉强度：≥170MPa	微机控制拉力机
3.3	工厂接头绝缘微孔、杂质及界面突起试验	半导电屏蔽与绝缘界面处无大于 0.02mm 的微孔、导体屏蔽与绝缘界面无大于 0.05mm 的突起、绝缘屏蔽与绝缘界面无大于 0.05mm 的突起	显微镜
3.4	接头径向透水试验	预先进行 10 次热循环，然后工厂接头经过 1MPa/48h 静水压透水试验，最终接头处无水渗入，金属套无不规则突起或变形	全自动水密试验装置
3.5	工厂接头（连同海底电缆）的机械型式试验	试样至少包括 1 个工厂接头，试验后试样应不产生以下损伤：① 海底电缆绝缘、金属套和内护套破坏；② 导体或铠装永久变形	微机控制拉力机
3.6	局部放电试验（环境温度和高温下）	无超过申明的灵敏度的可检出放电	局部放电耐压成套设备
3.7	操作冲击试验	试验电压按表 6－7，正负极性各 10 次，绝缘无击穿	冲击电压发生器
3.8	雷电冲击试验	试验电压按表 6－7，正负极性各 10 次，绝缘无击穿	冲击电压发生器

2. 修理接头

对于预制型修理接头，其例行试验同预制接头；对于海上进行抢修的工厂接头型修理接头，则不能进行例行试验，应进行抽样试验以控制接头的质量水平。修理接头的电气连接、机械保护、防水密封三方面性能一般可通过以下试验进行验证。

（1）电气试验验证。对于修理接头型式试验需满足以下标准要求：

1）CIGRE TB490：2012《额定电压30（36）到500（550）kV大长度挤出绝缘海底电缆试验推荐规范》。

2）GB/T 32346.3《额定电压220kV（U_m＝252kV）交联聚乙烯绝缘大长度交流海底电缆及附件　第3部分：海底电缆附件》。

3）DL/T 2060《额定电压500kV（U_m＝550kV）交联聚乙烯绝缘大长度交流海底电缆及附件》。

4）DL/T 2233《额定电压110kV～500kV交联聚乙烯绝缘海底电缆系统预鉴定试验规范》。

5）Q/GDW 11655.1《额定电压500kV（U_m＝550kV）交联聚乙烯绝缘大长度交流海底电缆及附件　第1部分：试验方法和要求》。

110.220、500kV电气试验项目见表6-9，对于其他电压等级的试验要求及试验方法可参照 IEC 60840：2023《额定电压 30kV（U_m＝36kV）至 150kV（U_m＝170kV）挤包绝缘电力电缆及其附件　试验方法和要求》、IEC 62067：2022《额定电压 150kV（U_m＝170kV）至 500kV（U_m＝550kV）的挤压绝缘电力电缆及其附件　试验方法和要求》等相关标准要求进行。

表6-9　　　　　110、220、500kV电气试验项目

序号	试验项目	试验要求及方法		
		110kV	220kV	500kV
		GB/T 11017.1	GB/T 32346.1	DL/T 2060
1	局部放电试验	12.4.4	8.8.2.4	10.7.2.1
2	热循环电压试验	12.4.6	8.8.2.3	10.723
3	操作冲击电压试验	—	—	10.7.2.5
4	雷电冲击试验及随后的工频电压试验	12.4.7	8.8.2.5	10.7.2.6

（2）张力试验验证。用作张力试验的电缆长度约 50m，电缆段包含修理接头。电缆末端与接头的距离至少为 10m 或电缆铠装节距的 5 倍，取其中较大值。通过电缆上的牵引头作用在远离电缆两端的电缆的各不同部分上的合力应相当于敷设作业时分布的力。试验装置中一个电缆牵引头可自由旋转，另一个应固定。修理接头张力试验如图 6-12 所示。

图 6-12 修理接头张力试验

1）试验时电缆的张力应增大到以下值

$$T_0 = 50W_0 \qquad\qquad (6-1)$$

式中　T_0 ——张力，N；

　　　W_0 ——1m 海底电缆的重力，N。

张力 T_0 等于试验电缆总长度的重力，大致相当于有适当支撑（按此消除任何悬链状），保持电缆呈直线而无伸长与转动所需的力。施加负荷经 15min 后测量两标志线间距离 L_0。

2）对于水深 0～500m 修理接头，然后增加张力至按式（6-2）计算的电缆弯曲试验张力值，保持 15min。

$$T = 1.3Wd + H \qquad\qquad (6-2)$$

式中　T ——试验张力，N；

　　　W ——1m 海底电缆水中的重力（电缆自重减去排开的同体积水重），N/m；

　　　d ——最大敷设水深，m；

　　　H ——最大允许水底接触点对电缆的张力，按式（6-3）计算，N

$$H = 0.2Wd \qquad\qquad (6-3)$$

式（6-3）中 d 的最小值规定为 200m。式（6-2）中的系数 1.3 是考虑由于敷设和修复引起的额外张力以及敷设和修复情况下的动态力面附加的力。考虑水底接触点对电缆的张力 H 的目的是给予敷设角的一个安全裕度，以免在敷设过程中发生电缆扭结。

3）对于水深大于 500m 的修理接头，然后增加张力至按式（6-4）计算的电缆弯曲试验张力值，保持 15min

$$T = Wd + H + 1.2|D| \tag{6-4}$$

式中　T——试验张力，N；

　　　W——1m 海底电缆水中的重力（电缆自重减去排开的同体积水重），N/m；

　　　d——最大敷设水深，m；

　　　H——最大允许水底接触点对电缆的张力，按式（6-3）计算，N。

　　　1.2——动态力的安全系数。

　　　D——动态张力。

　　按简化模式，忽略纵向弹性和实际的电缆水中悬垂线形状，用式（6-5）计算动态张力 D

$$D = \pm 0.5 b_n m d \omega^2 \tag{6-5}$$

式中　D——动态张力，N；

　　　b_n——敷设滑轮峰对峰垂直运动量，m；

　　　d——最大敷设水深，m；

　　　m——1m 电缆质量，kg/m；

　　　ω——$2\pi/t$（t 为运动时间），敷设滑轮运动的角频率，1/s。

　　本部分尚不能给出对特定气候状况下的计算通则。如果无详细的敷设船运动状况，则应采用实际的波幅和周期来计算 D。后者计算偏于安全。应按特定工程，特别是所用的敷设船和敷设作业时最恶劣的天气条件，估计这些参数。试验张力应以 100N 为修约间隔向上修约至最接近的数值。施加试验张力至少应等于计算张力。

　　测量标志线间的距离 L_{max}，并记录自由旋转牵引头的旋转数。将张力降低至 T_0，再测量标志线间的距 L_0'。循环进行三次试验。对每次循环计算相对伸长，见式（6-6）和式（6-7）

$$(L_{max} - L_0)/L_0 \tag{6-6}$$
$$(L_0' - L_0)/L_0 \tag{6-7}$$

式中　L_0——试样施加 T_0 时的起始伸长；

　　　L_{max}——最大伸长；

　　　L_0'——施加 T_0 的永久伸长。

　　试验后应目测检验试样状况，检查修理接头处铜壳、密封处等位置状态，接头应无变形和损伤现象，状态良好。

　　（3）保护外壳径向透水试验。推荐对修理接头的保护外壳径向透水性能进行加严试验，作为海底电缆系统预鉴定试验的补充试验。除非另有要求，采用平均盐度质量比为（31±2）‰［（31±2）g/kg］的盐水或相当于海底电缆宜用海域盐度的盐水。

不需要对整个修理接头均施加水压，如需将整个接头置于水中，宜将接头试样的电缆两端密封，试样应置于压力容器中。

修理接头浸入不低于 100m 水深的水压（或根据工程敷设水深确定试验水压）中，试验持续 96h，试验水温 5～35℃。经过试验后的修理接头应符合以下要求：

1）接头的阻水隔离结构应无水浸入迹象。

2）金属套无明显不规则凸起或缺陷。

用肉眼检查电缆系统中解剖后的电缆和附件，应无劣化迹象（如导致电气品质降低的潮气浸入、泄漏、腐蚀，或有害的收缩）。

3. 预制式接头和终端

对预制式接头和终端进行直流耐压试验，主要对预制附件的主绝缘质量进行检验，包括制造过程中的材料、工艺控制等。

例行试验主要是对预制接头和终端的主绝缘施加 $1.85U_0$ 负极性直流电压，持续时间 60min，主绝缘应不击穿。预制接头或终端在例行试验时通常需要安装在试验电缆上进行试验。海底电缆系统例行试验中预制式接头和终端连接方式如图 6-13 所示。

图 6-13　海底电缆系统例行试验中预制式接头和终端连接方式

需要时，也可进行交流电压试验和局部放电试验作为附加试验。交流电压试验应在环境温度下进行，TICW 规范推荐的试验电压为 $0.8U_0$，保持 30min，主绝缘应不击穿。局部放电试验在 $0.6U_0$ 下应无超过申明灵敏度的可检出的放电。

对于户外终端和 GIS 终端，其电气性能试验与修理接头相同，除此之外户外终端还应进行以下试验。

（1）户外终端组装后的密封试验。户外终端试样按实际使用的安装要求进行组装，组装试样内允许不含绝缘件，试验装置应将密封金具、瓷套管、复合套管或环氧套管试品两端密封。试样按以下要求进行压力泄漏和真空泄漏试验。

1）压力泄漏试验。在环境温度下对试品施加表压为（250±10）kPa 的气压，保持 1h，承受气压的试品应有防爆安全措施。任选浸水检验或密封面上涂肥皂液检验，观察是否有气体逸出；或施加相同水压，保持 1h。在密封面上涂白垩粉，观察是否有水渗出迹象。试验期间应无漏气或渗水迹象。

2）真空泄漏试验。在环境温度下将试样抽真空至残压 A 为 10kPa 的气压，然后关闭试品与真空泵间的真空阀门保持 1h；测量试品的压力值 B；测量用真空计的分辨率应不超过 2kPa。试验结束时，真空压力漏增值（$B-A$）应不超过 10kPa。

（2）户外终端短时（1 min）工频电压试验（湿试）。户外终端试样应在 GB/T 16927.1《高电压试验技术　第 1 部分：一般定义及试验要求》规定的淋雨条件下，施加相应工频电压，历时 1min。试样应不闪络或击穿。110、220kV 户外终端短时工频电压试验电压见表 6-10。

表 6-10　　110、220kV 户外终端短时工频电压试验电压

序号	电压等级（kV）	电压值（kV）
1	110	185
2	220	460

4. 海底电缆附件的其他试验

除了与海底电缆本体相同的检测项目外，海底电缆接头通常还需要进行接头径向透水试验、导体接头拉力试验、导体焊接及绝缘无损检验等特有项目的检测。

（1）导体接头拉力试验。相关海底电缆标准规定，导体截面积为 800mm²

及以下导体之间焊接的抗拉强度应不小于 180MPa，截面积 800mm² 以上导体之间连接的抗拉强度应不小于 170MPa。

试验方法：截取焊接后的导体试样长度不小于 500mm，焊接处应靠近试样的中间部位，两端头用低熔合金浇灌。将试件夹持在试验机的钳口内，夹紧后试件的位置应保证试件的纵轴与拉伸的中心线重合。启动拉力试验机时，加载应平稳、速度均匀、无冲击，当试件被拉伸断裂后，读数并记录最大负荷，试验结果抗拉强度按式（6−8）计算

$$\sigma = \frac{F}{S} \tag{6−8}$$

式中　　σ ——导体抗拉强度，N/mm²；

　　　　F ——最大试验拉力，N；

　　　　S ——试样的标称截面积，mm²。

（2）接头径向透水试验。海底电缆接头处需开展径向透水试验，以检验接头在最大水深时阻止径向透水的性能。海底电缆试样应尽量符合真实的安装状况，在试验前试样一般要经受张力试验或张力弯曲试验以及热循环试验，以使试样受到适当的张力和径向膨胀。

1）具体试验方法如下：

a. 从已经受机械试验的接头中取试样，采用电流加热，使导体温度达到 95～100℃。至少经受 10 次热循环，每次热循环包含 8h 加热和随后 16h 冷却，在每次热循环结束前应保持导体温度至少 2h。

b. 在热循环过程中，对接头施加压力的部位进行水压试验。用封帽将接头试样的海底电缆两端密封，试样一端置于专用压力容器内。试样浸入对应 100m 水深的加压水中，持续 48h，试验时压力容器内水温为 5～35℃。到达试验时间后，将试样从水中取出，并解剖接头，目视检查接头内部情况。

2）试验后，接头处应满足以下的检测要求：

a. 阻水隔离结构应无水浸入迹象。

b. 金属铅套无明显不规则凸起缺陷。

（3）工厂接头的导体焊接及绝缘无损检验。在导体焊接完成时，可预先对每个工厂接头的导体焊接进行无损检验，观察导体焊接是否存在虚焊、金属夹渣等缺陷。

工厂接头的绝缘和屏蔽层恢复制作必须在千级净化室的洁净房内进行，控

制洁净度，交联绝缘层制作完成后也需接受恢复绝缘的无损检验。检验恢复绝缘界面质量和可能存在的金属杂质的状况，以表明工厂接头质量完好。

常用的无损检测技术主要包括超声检测（UT）、射线检测（RT）、磁粉检测（MT）、渗透检测（PT）、涡流检测（ET）。射线检测主要通过检测穿透性强的高能粒子射线的投射强度来实现内部结构检测的一种方法，一般通过照片成像反映物体内部结构，其中易于穿透物质的有 X 射线、γ 射线、中子射线三种，实际工程应用最多的为 X 射线和 γ 射线。针对海底电缆导体和绝缘检测，通常选用射线检测方法进行，易于直接观测。常用的检测设备为全自动多功能 X 光测试仪，通过在线拍照检测，目视检查接头处是否有偏心、杂质、气孔等缺陷。目前国内海底电缆 X 光检测设备测量精度可达到 0.02mm，能够满足绝缘结构检测要求。

6.4.2　海底电缆系统电气型式试验

进行成品海底电缆的电气型式试验前，应检查电缆的绝缘厚度，如果绝缘平均厚度不超过制造方申明值的 5%，试验电压按电缆额定电压确定的值进行；如果绝缘平均厚度超过申明值的 5%但不超过 15%，应调整试验电压，以维持相同的平均电场。用作电气试验的电缆段的绝缘平均厚度应不超过申明值的 15%。海底电缆应先完成机械试验，再开展电气型式试验。海底电缆进行电气型式时，通常和其他试验对象组成海底电缆系统一起试验，海底电缆系统型式试验接线及现场接线如图 6-14、图 6-15 所示。

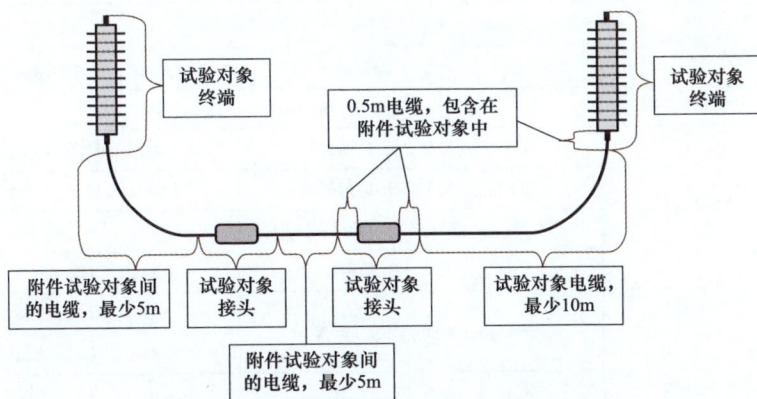

图 6-14　海底电缆系统型式试验接线

图 6-15　海底电缆系统型式试现场接线

海底电缆的电气型式试验项目见表 6-11。当组成系统的试验对象通过所有电气型式试验和非电气型式试验，则判定型式试验结果合格。在电气型式试验中如果由于外部因素引起试验中断，则试验可以继续。如果中断时间大于 30min 且不大于 24h，当次负荷循环应重新进行。如果中断时间大于 24h，该项循环应重新进行。负荷循环试验或叠加冲击电压试验中如果试验参数有偏离，该试验应重新进行。当几个试验对象同时试验时发生绝缘击穿的情况下，应移去故障对象，其余试验对象按中断处理，故障对象则不满足试验要求。任何发生在某一试验对象范围（0.5m）内的故障，如某个附件，被认为仅与该试验附件有关。

表 6-11　　　　　　　　　海底电缆的电气型式试验项目

序号	试验项目	技术要求	
		LCC 运行的电缆系统[1]	VSC 运行的电缆系统[2]
1	机械预处理	卷绕和拉伸弯曲试验	
2	负荷循环试验	$-1.85U_0$，8 个 24h 负荷循环	$-1.85U_0$，12 个 24h 负荷循环
		$-1.85U_0$，8 个 24h 负荷循环	$+1.85U_0$，12 个 24h 负荷循环
		$1.45U_0$ 极性反转，8 个 24h 负荷循环	—
		$+1.85U_0$，3 个 48h 负荷循环	$+1.85U_0$，3 个 48h 负荷循环
3	叠加操作冲击电压试验	$+U_0$、$-U_{P2,O}$ 连续 10 次	$+U_0$、$+U_{P2,s}$ 连续 10 次
			$+U_0$、$-U_{P2,O}$ 连续 10 次
		$-U_0$、$+U_{P2,O}$ 连续 10 次	$-U_0$、$+U_{P2,s}$ 连续 10 次
			$-U_0$、$+U_{P2,O}$ 连续 10 次

序号	试验项目	技术要求	
		LCC 运行的电缆系统 [1]	VSC 运行的电缆系统 [2]
4	叠加雷电冲击电压试验*	$+U_0$、$-U_{P1}$ 连续 10 次	
		$-U_0$、$+U_{P1}$ 连续 10 次	
		*对不可能遭受雷击的电压线路本试验可以忽略	
5	直流电压试验	$-1.85U_0$，2h 绝缘不击穿	
6	导体直流电阻	应符合 GB/T 3956《电缆的导体》的规定	
7	半导电层电阻	老化前后导体屏蔽电阻率不大于 $1000\Omega \cdot m$；老化前后绝缘屏蔽电阻率不大于 $500\Omega \cdot m$	
8	电缆绝缘电导率试验	绝缘电导率随温度的升高呈单调上升，推荐 20kV/mm 的电场强度下测得的绝缘电导率 $\gamma 70/\gamma 30$ 的比值不大于 100	

[1] LCC：线路整流换流器（line commutated converter）。

[2] VSC：电压源换流器（voltage source converters）。

* 对不可能遭受雷击的电压线路本试验可以忽略。

6.4.3 海底电缆系统预鉴定试验

预鉴定试验是对某种形式的新产品通过型式试验后，在供货前所进行的试验，以证明该产品具有满意的长期运行性能。除非电缆或附件材料、制造工艺或电应力设计水平有实质性的改变，预鉴定试验只需进行一次。

需要注意的是，实质性改变的定义为对产品（电缆、附件或整个电缆系统）可能产生不利影响的改变。如果制造商申明这些改变并未构成实质性改变，则应提供包括试验验证的详细情况。

通过预鉴定试验的产品供应商，具有生产相同或更低电压等级、导体温度、电场应力的电缆的资格，预鉴定试验鉴定制造商可作为电缆系统的提供者，应满足以下条件：

（1）额定电压 U_0 不大于已试电缆系统的 10%。

（2）绝缘平均电场强度计算值不大于已试电缆系统。

（3）U_0（使用标称尺寸）下电缆绝缘屏蔽处的拉普拉斯电场计算值不大于已试电缆系统。

（4）导体最高温度 $T_{c,max}$ 不大于已试电缆系统。

（5）绝缘层最大温差 ΔT_{max} 不大于已试电缆系统。

（6）LCC 预鉴定试验合格的电缆系统对 VSC 同样适用，反之则不适用。

（7）预鉴定试验合格的非铠装电缆同样适用于铠装电缆，反之也适用。

预鉴定试验应包括约 100m 的海底电缆和完整附件（含工厂软接头，每种类型至少一件），其绝缘设计适用于实际应用。在进行预鉴定试验前，适当时考虑机械预处理。同时，在进行预鉴定试验前，应进行绝缘厚度检查，适当时调整试验电压。预鉴定试验持续的最短试验时间为 360 天，电缆系统的导体温度和绝缘内外温差均应控制在设计水平，附件和相邻电缆的设计水平可不同。

预鉴定试验结果合格的标准是试验对象经过所有试验不击穿，并对试验系统进行目视检查。试验完成后，解剖试验电缆、拆卸试验接头和终端等附件，用正常或矫正视力进行检查，应无影响电缆系统正常运行的劣化迹象（如电气劣化，泄漏、腐蚀或有害的收缩）。

在试验过程中，如果发生某一试验对象击穿，那么该试验对象应重新进行完整的预鉴定试验。如果某一试验对象击穿，导致与其连接的其他试验对象试验中断，在移去该击穿试验对象后，试验可继续进行。如果击穿发生在某次负荷循环或某次冲击电压试验过程中，剩余试验对象应重新进行该试验。如果击穿发生在某一恒定负荷周期，剩余试验对象应将未施加电压的时间增加到剩余试验周期里。如由于外部因素引起试验中断，试验可以继续。如果中断时间大于 30min，由于中断缺少的负荷循环应继续进行。如果中断发生在恒定负荷周期中，且中断时间大于 30min，中断发生的那天试验应重新进行。海底电缆系统预鉴定试验现场示意图如图 6-16 所示。

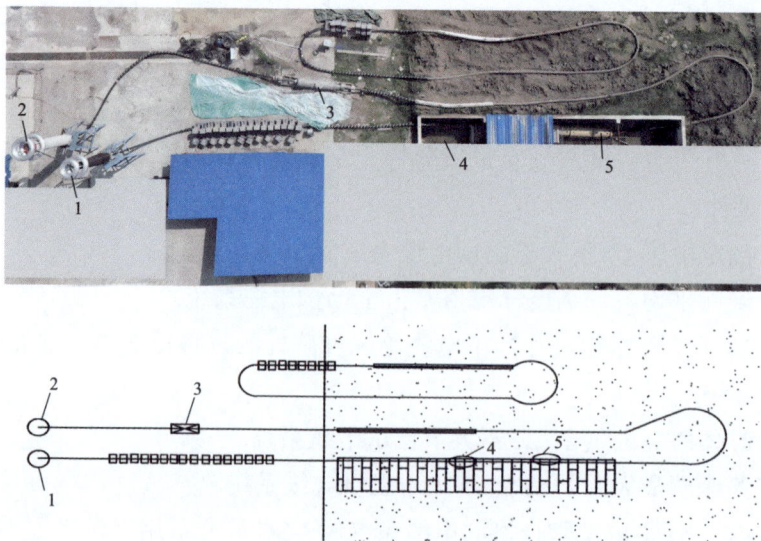

图 6-16　海底电缆系统预鉴定试验现场与示意图

南方电网的±160kV柔性直流输电项目中,预鉴定试验模拟了直流海底电缆的登陆区域、海底电缆的直埋区域、海底电缆的阳光直射区域等实际电缆线路使用的对象和敷设条件,在试验对象上选取了包括陆地电缆、海底电缆、海底电缆过渡接头、陆缆接头、海底电缆终端和陆缆终端等。

» 6.5 敷设安装后试验 «

通常在敷设安装前,会对海底电缆开展入场试验检验,包括对海底电缆的合格证、出厂试验报告、船检证书等进行资料核查,电缆外观检查,光电复合缆的绝缘电阻检查,直流耐压试验及泄漏电流测量,光缆或海底电缆的光纤衰减试验等。

敷设安装后试验包括船上交接试验、敷设安装后试验及预防性试验。其中海底电缆产品敷设和安装后进行的试验的目的是检查敷设和安装后对产品是否有损伤,以确定电缆系统的完整性。电缆正常运行后,要求定期进行预防性试验,目的是事先发现电缆系统运行过程中可能发生的损坏,以便及时修理或更换,以免发生意外停电事故或更大故障。

电压等级较高的海底电缆的交接试验主要包括耐压试验和光纤衰减试验两种。根据工程和现场的实际情况,可开展局部放电试验、时域反射法试验等特殊试验,用于提升对海底电缆绝缘状态的摸查,提高运行可靠性。敷设安装后的交接试验数据应按照相关规定与出厂试验数据进行比对。

6.5.1 耐压试验

为确保海底电缆的安全可靠运行,交接耐压试验是必不可少的环节。耐压试验能够反映海底电缆的绝缘性能是否良好,是否存在潜在绝缘缺陷或故障。在实际海底电缆工程中,通过交接耐压试验是否顺利通过,辅助判断海底电缆及附件组成的系统在运输、铺放及牵引过程中是否存在施工不当、外力破坏、结构缺陷、连接不良等导致的安全隐患。例如江苏省电力公司对江苏14个海上风电项目的主要海底电缆开展了交接耐压试验,过程中发现存在海底电缆施工缺陷2起,电缆终端制作工艺缺陷2处,有效避免了单芯单通道敷设的海上风电项目的未来运行故障。因此为了确保高压海底电缆通道的安全性,各相关单位应严格控制海底电缆耐压试验的质量,严格按照标准要求执行。

海底电缆交接耐压试验的步骤主要如下：

（1）首先进行试验前的准备工作，对海底电缆裸露部分进行外观检查，排查海底电缆在运输、敷设过程中是否存在破坏或磨损等缺陷，同时需要检查确保海底电缆连接器和接头附件已正确连接安装。

（2）其次根据海底电缆的规格，或与海底电缆业主方要求的商议结果，确定耐压试验的测试参数，包括测试电压、测试时间、测试过程中的监测参数等。高压海底电缆的交流耐压交接试验往往具有电压高、电流大的特点。现场普遍采用串并联混合谐振的试验方式，通过对串并联谐振回路进行分析，计算获得海底电缆耐压试验所需的设备参数，进而选择合适的试样设备。海底电缆交接试验时耐压试验接线如图 6-17 所示。

图 6-17 海底电缆交接试验时耐压试验接线

耐压试验过程中，需将海底电缆连接在测试设备上，按照预定测试参数逐步施加电压，直至达到预设测试电压和测试时间。被测海底电缆两端应与系统的开关柜、变压器断开连接，避雷器、电压互感器等设备应拆除，电流互感器二次应短接。交接试验中海底电缆主绝缘耐压试验宜与局部放电检测同时进行，局部放电检测中新投运电缆部分与非新投运电缆部分应分别评价。由于海底电缆长度通常可达几公里甚至百公里，高频信号衰减较快，110kV 及以上海底电缆的主海底电缆部分在交接耐压试验过程中往往难以开展局部放电测试，因此实际测试过程中还需实时监测海底电缆的电压、电流、绝缘电阻等参数，做好测试过程中异常情况的记录和分析。当电缆的泄漏电流很不稳定、随试验电压升高而急剧上升、随试验时间延长有上升现象时，电缆绝缘可能存在缺陷，应及时找出缺陷部位并予以处理。

若进行海底电缆的主绝缘交流耐压试验时，确因海上试验环境要求不满足，无法采用变频串联谐振交流耐压试验时，可考虑开展 0.1Hz 超低频耐压试验或振荡波耐压试验作为海底电缆绝缘水平验证的备选试验，但具体条件应与试验双方核实后确定。

6.5.2　光纤衰减试验

海底电缆作为长距离通信的重要手段，传输距离的远近对于通信质量有直接的影响。同时，海底电缆中埋设的分布式光纤作为海底电缆温度、应力、局部放电等信号的传输通道，是对海底电缆本体进行在线监测的重要载体。衰减是光纤中光功率减少量的一种度量，其取决于海底电缆中光纤的性质和长度，也受到测试条件的影响。海底电缆交接试验中的光纤衰减试验，能够发现海底电缆在运输及敷设过程中，是否存在因弯折、牵引或外力破坏导致的光纤断裂。

光纤衰减试验通常采用截断法或后向散射法，将光纤通过专用适配器连接在光时域衰减测量仪器的发射端和接收端，向光纤内注入相应波长的光波，并分别对光纤的通断、不同波段光纤衰减特性进行测试分析。通常试验获取的是光纤在 1310nm 和 1550nm 波段的衰减谱，以判断是否存在光纤衰减过大等异常。海底电缆光纤衰减试验如图 6-18 所示。

6.5.3　时域或频域反射法试验技术

海底电缆作为连接海上风电以及岛屿供电的重要传输手段，其对于电力传输稳定性的作用不言而喻。但由于电缆本身处于水下难以观测，电压等级高、线路重要性较为靠前，因此通常情况下一旦敷设安装后就更加难以对电缆绝缘状态进行感知与预警。此时可采用时域或频域反射法测试作为相对快速便捷的检测手段对海底电缆的初始绝缘状态进行评估，提前定位海底电缆中的接头和可能存在的绝缘缺陷故障。

考虑到海底电缆通常存在电压高、长度大、绝缘厚等特点，通常情况下其等效电容较大，敷设安装后试验时需要考虑到常规工频测试手段容易受到现场测试的供电电源的容量以及体积的限制而难以实施的可能性。同时绝缘电阻、吸收比测试以及工频下的介质损耗都需要进行匹配，以达到海底电缆的额定电压等级。

(a)

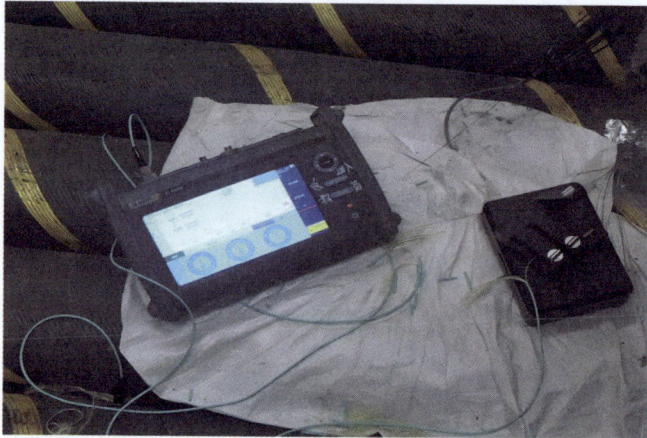

(b)

图 6-18　海底电缆光纤衰减试验
（a）光纤衰减试验位置；（b）光纤衰减试验仪器

时域反射法（time domain reflection，TDR）技术使用多年，相对而言技术较为成熟，其在国内外大型海底电缆工程中已开展应用，且现已在其基础上发展出了扩展频谱时域反射法。由于具有设备体积小、质量轻，技术成熟，定位精度高等优点，使得该技术在海底电缆交接竣工试验和故障定位中使用广泛。时域反射法的原理是将一个直流脉冲信号或陡上升沿的直流阶跃信号注入被测电缆中，再通过 A/D 变换器对返回信号进行取样，通过对入射波和反射波的采集计算时间差，从而实现对电缆中故障和不连续点位置的定位。

传统的时域反射定位测试技术由于注入信号主要以直流分量为主，脉冲的频谱含量分布于较宽的频带，在高频段脉冲的能量迅速下降，因此注入脉冲的高频成分幅值较小，且针对高压海底电缆中的高频信号衰减快，其定位灵敏度相对较差。宽频阻抗谱（broadband impedance spectrum，BIS）的提出，为解决传统时域反射法对电缆微弱局部缺陷进行定位时存在的不足提供了思路。

国外通过频域反射定位技术实现了局部缺陷定位研究，该方法应用于海底电缆敷设安装后的首次试验，可快速判别海底电缆中是否存在电气参数变化较小的微弱缺陷并定位，在试验中取得很好的效果，其具体可识别类型包括热老化、水树缺陷、护套破损、水分入侵、过度弯曲变形等，对于导致局部阻抗变化的缺陷都较为敏感。时域反射和频域反射的灵敏度对比如图6-19所示。

该试验技术采用频域测量原理，通过调整入射信号为一段频率步长一定的正弦线性扫频信号，在阻抗不连续点处发生反射，通过在发射端对反射波（或者是由入射波和反射波叠加构成的驻波）进行分析，对反射信号进行快速傅里叶变换可将其转换为时域信息，再根据电缆的传播速度计算电缆阻抗不连续点的位置。

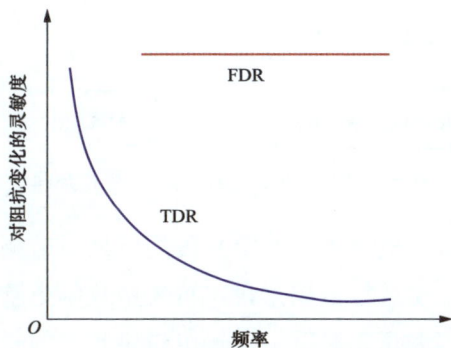

图6-19 时域反射和频域反射的灵敏度对比

信号的测试探头分别夹于海底电缆的缆芯和金属护套，形成同轴结构，完成信号的注入和接收。对于三芯海底电缆，测试时分别采集各相对地测试结果以及相间测试结果进行结合分析。针对长度超过10km的大长度海底电缆，为保证信号覆盖范围，在首端定位测试结束后，有必要在海底电缆的另一端再进行一次测试，结合双端定位的测试结果对内部是否存在缺陷和接头位置等进行更好的分析。在竣工交接试验开展实际频域反射测试中，由于具备完善的海底电缆路由信息和具体长度，可首先根据已知的海底电缆总长度，将第一次测试的末端幅值与电缆总长进行匹配，从而进行电磁波波速校准，以提高试验结果的可靠性。频域反射法定位测试流程如图6-20所示。

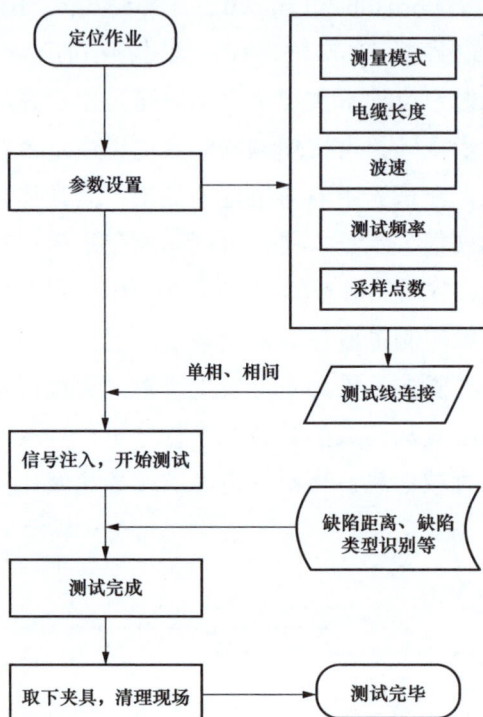

图6-20　频域反射法定位测试流程

　　此外，对大长度海底电缆进行特定频段的频域反射测试数据采集时，通常采用逐一频点测试的方法进行数据采集。首先由控制电脑决定当前系统测试的频率，然后调控频率可调正弦波发生器输出设定频率的正弦波信号，接着正弦波信号经由功率分配器实现信号功率均分，功率均分后的一部分信号作为参考信号经窄带调谐接收器滤波后被数据采集模块接收，另一部分信号作为入射信号途经耦合器后注入海底电缆。当入射信号进入电缆后，绝缘缺陷的阻抗不匹配会产生反射信号，反射信号通过耦合器进入窄带调谐接收器中，经过滤波后进入数据采集模块。数据采集模块通过读取参考和反射信号的幅值和相位信息获取被测电缆的反射系数谱数据，然后数据采集模块把被测电缆的反射系数谱测试数据传输到控制电脑中，以便进行下一频点的测试。

　　南方电网开展广东南澳直流海底电缆现场的频域反射法试验技术应用，由于该工程具备海底电缆和陆缆相接的复杂情况，使用该试验技术可以简便地获取海底电缆、陆缆的中间接头数量和具体位置。长距离海底电缆频域反射法试验现场测试如图 6-21 所示。

图 6-21 长距离海底电缆频域反射法试验现场测试

参 考 文 献

［1］ Thomas Worzyk.Submarine power cables: Design, installation, Repair, Environmental Aspects ［M］. New York：Springer Dordrecht Heidelberg London New York.2009.

［2］ 程光明. 500kV 交联聚乙烯（XLPE）绝缘海底电缆工程技术 ［M］. 北京：中国电力出版社，2020.10.

［3］ 贾冬. 基于有限元分析的高压直流电缆附件电场分布的研究 ［D］. 哈尔滨：哈尔滨理工大学，2020.6.

［4］ 赵健康. 高压电缆及附件 ［M］. 北京：中国电力出版社，2020.8.

［5］ 王佩龙. 高压电缆附件的电场及界面压力设计 ［J］. 电线电缆，2011，10（5）：1－5.

［6］ 谢宗伯. 海洋海底电缆弯曲限制器设计与制造技术研究 ［D］. 大连：大连理工大学，2017.

［7］（德）Thomas Worzyk. 海底电力电缆——设计、安装、修复和环境影响 ［M］. 应启良，徐晓峰，孙建生，译. 北京：机械工业出版社，2011.5.